"十四五"职业教育国家规划教材

高等职业教育"新资源、新智造"系列精品教材

PLC 技术与应用实训

（第 3 版）

U0290804

苏家健　主　编

顾　阳　姚琳娜　吴锦华　副主编

电子工业出版社

Publishing House of Electronics Industry

北京·BEIJING

内 容 简 介

本书以三菱公司 FX$_{2N}$ 系列可编程控制器为对象,介绍了可编程控制器技术及应用实训。本书根据行业、岗位的特点和高职人才培养目标,以模块化的方式开展教学活动,将课程划分为 3 个平台:基础平台、技能平台和应用平台;4 个模块:公共基础模块、基本职业技能模块、专项职业技能模块和工程应用模块。

本书共 13 章,第 1 章是 PLC 公共基础模块,讲述 PLC 的基本知识;第 2、第 3、第 4 章是基本职业技能模块,讲述 PLC 的编程元件、基本指令、基本编程单元和 PLC 基本职业技能实训等内容;第 5、第 6、第 7 章是专项职业技能 1+X 模块,讲述单流程步进控制、多流程步进控制和 PLC 专项职业技能实训等内容;第 8、第 9、第 10、第 11、第 12 章是工程应用模块,讲述功能指令、功能模块实训等方面的内容和工程实践与可靠性技术;第 13 章是 PLC 课程设计,该课程设计实际上是一个小型的 PLC 控制机械加工车间的设计。

本书在每章中都列举了大量的应用实例,并提供部分参考答案,帮助学生理解 PLC 及其应用,并从工程实际出发,由易到难,循序渐进,注重培养学生的工程应用能力和解决现场实际问题的能力。

本书可作为高职院校工业生产自动化、机电一体化、机械工程与自动化、电气自动化、工业机器人等相关专业高技能型人才培养的教材,也可供工程技术人员和技术工人职业培训使用。

图书在版编目(CIP)数据

PLC 技术与应用实训 / 苏家健主编. —3 版. —北京:电子工业出版社,2021.9
ISBN 978-7-121-37922-2

Ⅰ. ①P… Ⅱ. ①苏… Ⅲ. ①PLC 技术-高等学校-教材 Ⅳ. ①TM571.61

中国版本图书馆 CIP 数据核字(2019)第 259281 号

责任编辑:王昭松

印 刷:天津画中画印刷有限公司
装 订:天津画中画印刷有限公司
出版发行:电子工业出版社
　　　　北京市海淀区万寿路 173 信箱　邮编 100036
开 本:787×1092　1/16　印张:15.5　字数:396.8 千字
版 次:2009 年 1 月第 1 版
　　　　2021 年 9 月第 3 版
印 次:2025 年 2 月第 8 次印刷
定 价:49.00 元

凡所购买电子工业出版社图书有缺损问题,请向购买书店调换。若书店售缺,请与本社发行部联系,联系及邮购电话:(010)88254888,88258888。

质量投诉请发邮件至 zlts@ phei. com. cn,盗版侵权举报请发邮件至 dbqq@ phei. com. cn。

本书咨询联系方式:(010)88254015,wangzs@ phei. com. cn,QQ83169290。

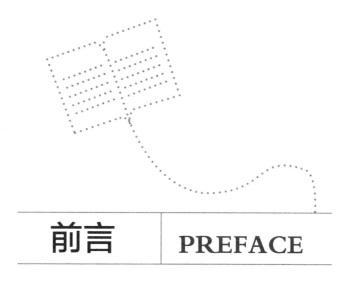

前言 PREFACE

  本书从职业需求分析和职业技能培训要求出发，按照够用、适用的教学思想精选内容；以职业技能训练为主体，以相关知识为支撑，较好地处理了理论教学与技能训练的关系；以培养学生能力为重点，以模块化的方式开展教学活动，结合现代科学技术发展的情况，将课程划分为3个平台：基础平台、技能平台和应用平台；4个模块：公共基础模块、基本职业技能模块、专项职业技能模块和工程应用模块。教材内容主题鲜明，重点突出，具有良好的教学效果。

  本书的特点如下。

  （1）每个章节均有丰富的实例，有些提供参考答案。

  （2）适应1+X证书制度的需要，将电工PLC职业技能等级标准相关内容及要求融入教材，推进书证融通、课证融通。

  （3）坚持产教融合、校企双元开发教材。

  本书自首版出版以来，已有十余年。十几年来，承蒙广大师生的抬爱，本书有了较好的销量，部分院校始终将本书作为教材使用。本书先后获评"十二五"和"十三五"职业教育国家规划教材，这是对本书的肯定，更是一种鞭策，我们要更努力地做好这本书，来答谢每一位读者。

  近年来，可编程控制器有了一些新发展、新技术，PLC教学也有了一些新要求，本书在保持上一版的基本结构、基本内容不变的前提下，跟踪三菱FX_{2N}系列PLC的新发展、新动向、新技术，结合近年来对PLC线上线下教学的新形势、新要求，对全书的职业技能训练、功能指令应用、工业现场安装及维护等内容做了调整及补充，并增加了部分参考答案，使本书的第3版内容更翔实，编排更合理，实例更丰富，更有利于教学的组织及自学使用。

  本书由上海第二工业大学苏家健教授任主编，上海第二工业大学顾阳副教授、上海工业学校姚琳娜讲师、上海施能电器设备有限公司吴锦华高级工程师任副主编。苏家健编写了第 3、第 6、第 7、第 8、第 10 章，顾阳编写了第 5、第 9、第 12 章，姚琳娜编写了第 1、第 2、第 4 章，吴锦华编写了第 11、第 13 章。全书由苏家健统稿。

在本书的编写过程中，得到了电子工业出版社王昭松编辑的大力支持，也参考了其他教材及相关厂家的技术资料，在此一并表示衷心的感谢。

由于编者水平所限，书中难免有疏漏和不妥之处，敬请读者批评指正。

编　者

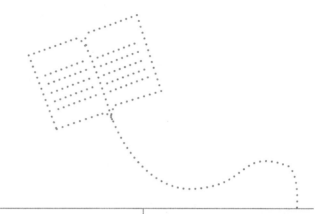

目录 CONTENTS

第 1 章 PLC 基础

本章要点

1. PLC 的功能、分类及性能指标。
2. PLC 的构成及工作原理。
3. PLC I/O 单元的作用及连接方式。
4. FX_{2N} 系列 PLC 基本单元、扩展单元的型号、功能及技术指标。

1.1 PLC 简介

1.1.1 PLC 的产生和定义

PLC 是可编程控制器（Programmable Controller）的简称，1968 年美国的通用汽车公司首先提出了可编程控制器的概念，1969 年美国数字设备公司（DEC）研制出了世界上第一台 PLC，这时的 PLC 只能用于执行逻辑判断、计时、计数等顺序控制功能，所以称为可编程逻辑控制器（Programmable Logical Controller）。PLC 最早用于取代汽车生产线上的继电器控制系统，随后扩展到食品加工、制造、冶金等工业部门。1971 年日本引进了这项生产技术，并开始生产自己的 PLC，如现在广泛使用的三菱公司的 FX 系列 PLC。1973 年欧洲的一些国家也研制生产了自己的 PLC。

进入 20 世纪 70 年代后，随着半导体技术及微机技术的发展，PLC 采用了微处理器作为中央处理器，输入/输出单元和外围电路也都采用了中、大规模甚至超大规模的集成电路，使 PLC 具有多项优点，形成了各种规格的系列产品，成为一种新型的工业自动控制标准设备。这时的 PLC 不仅具有逻辑判断功能，还具有数据处理、PID 控制和数据通信功能，因此被改称为可编程控制器。

1987 年 2 月，国际电工委员会（IEC）在可编程控制器的标准草案中做了如下定义："可编程控制器是一种数字运算操作的电子系统，专为在工业环境中应用而设计，它采用了可编程序的存储器，用来在其内部存储逻辑运算、顺序控制、定时、计数和算术运算等操作的指令，并通过数字式和模拟式的输入/输出，控制各种类型的机械或生产过程。可编程控制器及其有关外围设备，易于与工业控制系统连成一个整体，并易于扩充其功能。"

PLC 具有很多通用计算机所不具备的功能和结构。如 PLC 有很多适于各种工业控制系统的模块，它的内部有一套功能完善且简单的管理程序，能够完成故障检查、用户程序输入、修改、执行与监视等。PLC 采用以传统电气图为基础的梯形图语言编程，方法简单且易于学习和掌握。在控制系统应用方面，PLC 优于计算机，它易于和自动控制系统连接，可以方便灵活地构成不同要求、不同规模的控制系统，其对环境的适应性和抗干扰能力极强，所以可将 PLC 称为工业控制计算机。由于这些特点，目前 PLC 已成为工业自动控制系统的重要支柱。

1.1.2 PLC 的功能及特点

1. 可靠性高、抗干扰能力强

由于 PLC 是专为工业控制而设计的，因此除了对元器件进行筛选，在软件和硬件上都采用了许多抗干扰的措施，如屏蔽、滤波、隔离、故障诊断和自动恢复等，这些措施大大提高了 PLC 的抗干扰能力和可靠性。另外，由于 PLC 采用循环扫描的工作方式，所以能在很大程度上减少软故障的发生。在一些高档的 PLC 中，还采用了双 CPU 模块并行工作的方式，如 OMRON 2000H 大型机，即使它的一个 CPU 出现故障，系统也能正常工作，同时还可以修复或更换有故障的 CPU 模块，这样就极大地增加了控制系统整体的可靠性，PLC 的平均无故障时间达到 30 万小时以上。

2. 适应性强，应用灵活

由于 PLC 是系列化产品，其品种齐全，多数采用模块式的硬件结构，所以组合和扩展非常方便，用户可以根据自己的需要灵活选用，以满足各种不同控制系统的需要。

3. 编程方便，易于使用

PLC 是面向现场应用的电子设备，一直采用大多数电气技术人员熟悉的梯形图语言，梯形图语言延续使用继电器控制系统的许多符号和规定，不仅形象直观，而且易学易懂，电气工程师和具有一定基础的技术操作人员都可以在短时间内学会。

4. 具有各种接口，与外部设备连接方便，适用范围广

目前，PLC 的产品已经系列化、模块化，具有各种数字量、模拟量的 I/O 接口，能直接接入生产现场的多种规格的直流、交流信号，其输出接口在多数情况下也可以直接与各种执行器（继电器、接触器、电磁阀、调节阀等）相连接，因此能方便地进行系统配置，组成规模、功能不同的控制系统。其适应能力非常强，利用它可以控制一台单机自动化系统，也可以控制一条生产线，还可以使用在复杂的集散控制系统中。

5. 功能完善

PLC 具有模拟量和数字量输入/输出、逻辑运算、定时、计数、数据处理、通信、人机对话、自检、记录和显示等功能，可以实现顺序控制、逻辑控制、位置控制和生产过程控制，通过编程器在线和离线修改程序，就能更改系统的控制功能及要求。

1.1.3 PLC 的分类及性能指标

1. PLC 的分类

（1）根据生产厂家的产品类型和系列分类。目前 PLC 的生产厂家很多，但主要分为欧、

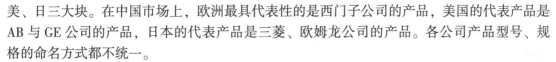

美、日三大块。在中国市场上，欧洲最具代表性的是西门子公司的产品，美国的代表产品是 AB 与 GE 公司的产品，日本的代表产品是三菱、欧姆龙公司的产品。各公司产品型号、规格的命名方式都不统一。

（2）根据 PLC 的 I/O 点数和存储器容量分类。按照 PLC I/O 点数、存储器容量的不同，PLC 大体上可以分为大、中、小三个等级。小型 PLC 的 I/O 点数在 256 点以下，用户程序存储器容量为 2K 字以下（1K＝1 024，存储一个 1 或 0 的二进制码称为一位，一个字为 16 位）。有的 PLC 用"步"来衡量，一步占用一个地址单元，它表示 PLC 能存放多少用户程序。中型 PLC 的 I/O 点数在 256～2 048 之间，用户程序存储器容量一般为 2～8K 字。大型 PLC 的 I/O 点数在 2 048 点以上，用户程序存储器容量在 8K 字以上。

（3）按照结构形式分类。PLC 按照结构形式不同可分为整体式和模块式两种。

① 整体式（箱体式）结构的 PLC。这种结构的 PLC 是将 PLC 的电源、中央处理器、输入/输出部件集中配置在一起，有的甚至全部安装在一块印制电路板上，装在一个箱体内，通常称为主机（或基本单元），如三菱公司的 FX_{0N}、FX_{2N} 系列 PLC。整体式 PLC 结构紧凑，体积小，质量轻，价格低，但主机的 I/O 点数固定，使用不灵活，小型 PLC 常使用这种结构。

② 模块式（积木式）结构的 PLC。这种结构的 PLC 是将 PLC 的各个部分以模块的形式分开，如电源模块、CPU 模块、输入模块、输出模块，把这些模块插入机架底板上，组装在一个机架内。这种结构配置灵活，装配方便，便于扩展，一般中型和大型 PLC 常采用这种结构，如三菱公司的 A 系列 PLC。模块式 PLC 结构较复杂，且造价较高。

（4）按照 PLC 功能的强弱分类。按照 PLC 功能的强弱可以大致分为低档机、中档机、高档机三种。低档 PLC 具有逻辑运算、定时、计数等基本功能，有的还增设了模拟量处理、算术运算、数据传送等功能，可以实现逻辑、顺序、计时、计数等控制。中档 PLC 除了具有低档机的功能，还具有较强的模拟量输入/输出、算术运算、数据传送、通信联网等功能，可完成既有开关量又有模拟量的控制任务。高档 PLC 除了具有中档机的功能，增设带符号算术运算、矩阵运算等功能，使其运算能力提高，高档机还具有模拟调节、联网通信、监视、记录和打印等功能，使 PLC 的功能更多更强，能进行远程控制和大规模过程控制，构成集散控制系统。

2. PLC 的主要性能指标

（1）输入/输出（I/O）点数。I/O 点数是指 PLC 的外部输入、输出端子数。PLC 的输入、输出信号有开关量和模拟量两种，对于开关量用最大的 I/O 点数表示，而对于模拟量用最大的 I/O 通道数表示。

（2）PLC 内部继电器的种类和点数。它包括辅助继电器、特殊辅助继电器、定时器、计数器和移位寄存器等。

（3）用户程序存储量。PLC 的用户程序存储器用于存储通过编程器编入的用户程序。通常用 K 字（KW）、K 字节（KB）、K 位来表示。

（4）扫描时间。扫描时间是指 PLC 执行一次解读用户逻辑程序所需的时间，一般情况下用一个粗略的指标表示，即用每执行 1 000 条指令所需的时间来估算，通常为 10ms 左右，小型机可能大于 20ms。也有用 ms/K 单位表示的，如 20ms/K 字表示扫描 1K 字的用户程序需要的时间为 20ms。

（5）编程语言及指令功能。PLC 常用的编程语言有梯形图语言、助记符语言、流程图语言及某些高级语言等，目前使用最多的是前两种，不同的 PLC 具有不同的编程语言。PLC 的指令可分为基本指令和扩展指令，基本指令是各种类型的 PLC 都有的，主要是逻辑指令，不同厂家、不同型号的 PLC 其指令扩展的深度是不同的。

（6）工作环境。一般 PLC 的工作温度为 0～55℃，最高为 60℃，储藏温度为–20℃～+85℃，相对湿度为 5%～95%，空气条件是周围不能混有可燃性、易爆性和腐蚀性气体。

（7）可扩展性。小型 PLC 的基本单元（主机）多为开关量的 I/O 接口，各个生产厂家在 PLC 基本单元的基础上，发展了各种智能扩展模块，如模拟量处理模块、高速处理模块、温度控制模块、通信模块等。智能扩展模块的多少是反映 PLC 产品功能的指标之一。

1.2 PLC 的构成及工作原理

1.2.1 PLC 的硬件组成

PLC 的硬件结构主要由中央处理器（CPU）、存储器（RAM，ROM）、输入/输出接口（I/O 接口）、电源及编程设备几部分组成。PLC 的硬件结构框图如图 1.1 所示。

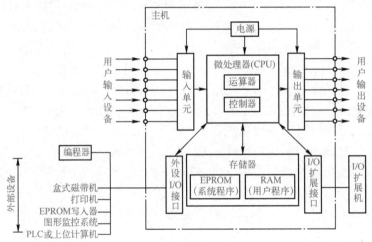

图 1.1 PLC 的硬件结构框图

1. 中央处理器

中央处理器是 PLC 的核心，它在系统程序的控制下，完成逻辑运算、数学运算、协调系统内部各部分工作等任务。PLC 中采用的 CPU 一般有三大类，一类为通用微处理器，如 80286、80386 等；一类为单片机芯片，如 8031、8096 等；另外还有位处理器，如 AMD2900、AMD2903 等。一般来说，PLC 的档次越高，CPU 的位数就越多，相应地，运算速度就越快，指令功能就越强。目前常见的 PLC 多为 8 位或者 16 位机。

2. 存储器

存储器是 PLC 存放系统程序、用户程序及运算数据的单元。和一般计算机一样，PLC 的存储器有只读存储器（ROM）和随机读写存储器（RAM）两大类。

PLC 的存储器区域按用途不同，可分为程序区和数据区。程序区是用于存放用户程序的区域，一般有数千字节，而用于存放用户数据的区域一般要小一些。在数据区中，对各类数据存放的位置都有严格的划分。由于 PLC 是为熟悉继电—接触器系统的工程技术人员使用的，因此 PLC 的数据单元都叫作继电器，如输入继电器、定时器、计数器等。不同用途的继电器在存储区中占有不同的区域，每个存储单元都有不同的地址编号。

3. 输入/输出接口

输入/输出接口是 PLC 和工业控制现场各类信号连接的部分。输入口用来接收生产过程的各种参数，输出口用来送出 PLC 运算后得出的控制信息，并通过机外的执行机构完成工业现场的各类控制。PLC 为不同的接口需求设计了不同的接口单元，主要有以下几种。

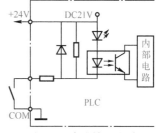

图 1.2　直流输入电路

（1）开关量输入接口。它的作用是把现场的开关量信号变成 PLC 内部处理的标准信号。开关量输入接口按可接收的外信号电源的类型不同分为直流输入单元、交/直流输入单元及交流输入单元，各单元输入电路如图 1.2～图 1.4 所示。

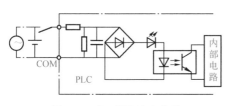

图 1.3　交/直流输入电路

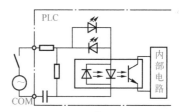

图 1.4　交流输入电路

从图中可以看出，输入接口中都有滤波电路及隔离耦合电路。滤波有抗干扰的作用，耦合有抗干扰及产生标准信号的作用。图 1.3 中输入口的电源部分画在了输入口外（虚线框外），这是分体式输入口的画法，在一般整体式 PLC 中，直流输入口都使用 PLC 本机的直流电源供电，不再需要外接电源。

（2）开关量输出接口。它的作用是把 PLC 内部的标准信号转换成现场执行机构所需的开关量信号。开关量输出接口按 PLC 机内使用的器件不同可分为继电器型、晶体管型及晶闸管型。各类型输出电路如图 1.5 所示。

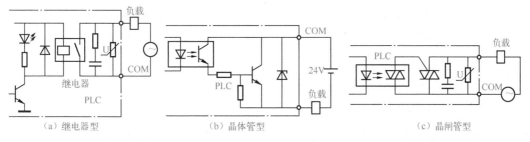

图 1.5　开关量输出电路

从图中可以看出，各类型输出接口中也都具有隔离耦合电路。这里特别要指出的是，输出接口本身都不带电源，而且在考虑外驱动电源时，还需虑及输出器件的类型。继电器型的输出接口可用于交流和直流两种电源，但接通和断开的频率低；晶体管型的输出接口有较高的接通和断开频率，但只适用于直流驱动的场合；晶闸管型的输出接口仅适用于交流驱动的场合。

（3）模拟量输入接口。它的作用是把现场连续变化的模拟量标准信号转换成适合可编程序控制器内部处理的由若干位二进制数表示的信号。模拟量输入接口接收标准模拟量信号，可以是电压信号或电流信号。这里，标准信号是指符合国际标准的通用交互用电压电流信号值，如 4～20mA 的直流电流信号，1～10V 的直流电压信号等。工业现场中模拟量信号的变化范围一般是不标准的，在送入模拟量接口时一般都需经过变换处理才能使用。

模拟量信号输入后一般经运算放大器放大后进行 A/D 转换，再经光电隔离后为 PLC 提供一定位数的数字量信号。

（4）模拟量输出接口。它的作用是将 PLC 运算处理后的数字量信号转换为模拟量输出，以满足生产现场连续控制信号的需求。模拟量输出接口一般由光电隔离、D/A 转换和信号驱动等环节组成。

（5）智能输入/输出接口。为了适应复杂控制工作的需要，PLC 还有一些智能控制单元，称为功能模块，如 PID 工作单元、高速计数器工作单元、温度控制单元等。这类单元大多是独立的工作单元，它们和普通输入/输出接口的区别在于具有单独的 CPU，有专门的处理能力。在具体的工作中，每个扫描周期智能单元和主机的 CPU 交换一次信息，共同完成控制任务。从近期的发展来看，不少新型的 PLC 本身也具有 PID 运算、高速计数及脉冲输出等功能，但一般比专用单元的功能弱。

4. 电源

PLC 的电源包括为 PLC 各工作单元供电的开关电源及为掉电保护电路供电的后备电源，后者一般为电池。

1.2.2 PLC 的软件组成

1. 软件的分类

PLC 的软件包含系统软件及应用软件两大部分。

（1）系统软件。系统软件含系统的管理程序、用户指令的解释程序，另外还包括一些供系统调用的专用标准程序块等。系统管理程序用于完成机内运行相关时间分配、存储空间分配管理、系统自检等工作。用户指令的解释程序用于完成用户指令转换为机器码的工作。系统软件在用户使用 PLC 之前就已装入机内，并永久保存，在各种控制工作中也不需要做什么更改。

（2）应用软件。应用软件也称用户软件，是用户为达到某种控制目的，采用专用编程语言自主编制的程序。一般采用两种表达方式：梯形图和指令表。应用程序是一定控制功能的表述，同一台 PLC 用于不同的控制目的时需要编制不同的应用程序。应用软件存入 PLC 后如需改变控制目的可多次改写。

2. 应用软件常用的编程语言

应用程序的编制需使用 PLC 生产厂家提供的编程语言。PLC 的编程语言及编程工具大体相同，常见的编程语言一般有以下 3 种。

（1）梯形图语言。梯形图语言形象直观，逻辑关系明显，电气技术人员容易接受，是目前使用最多的一种 PLC 编程语言，梯形图语言如图 1.6 所示。梯形图中的继电器、定时器、计数器等都不是物理器件，这些器件实际上是 PLC 存储器中的位，因此称之为软件继电器。当存储器中的某位为 1 时，表示相应的继电器线圈得电或相应的常开触点闭合、常闭触点断开。

梯形图是形象化的编程语言，梯形图左右两端的母线是不接任何电源的，所以梯形图中没有任何物理电流流过，但分析读图时，常假设有一个电流流过，输入信号为 ON 时，线圈得电，该线圈所带的常开触点闭合，常闭触点断开，这个电流是概念电流，或称假想电流。分析时可认为左母线是电源的相线，右母线是地线，概念电流只能从左向右流动，梯形图逻辑执行的顺序是从左到右，从上到下。概念电流是执行程序时满足输出执行条件的形象理解。

在 PLC 的梯形图中每个网络由多个梯级组成，每个梯级有一个或多个支路，并由一个输出元件构成，最右边的元件必须是输出元件。一个梯形图梯级的多少，取决于控制系统的复杂程度，但一个完整的梯形图至少应有一个梯级。

（2）指令表语言。这种编程语言是一种与计算机汇编语言类似的助记符语言，它由一系列操作指令组成的语句表将控制流程描述出来，并通过编程器送到 PLC 中。指令表是由若干条语句组成的程序，语句是程序的最小独立单元，每个操作功能由一条或几条语句来执行，每一条语句由操作码、操作数两部分组成。操作码用助记符表示，如 LD、OR、LDI 等，用来说明要执行的功能（需要 PLC 完成的操作），如逻辑与、逻辑或、计时、计数、移位等。操作数一般由标识符和参数组成，标识符表示操作数的类别，如输入继电器、输出继电器、计时器、计数器等；参数表明操作数的地址或一个预先的设定值。

（3）顺序功能图。顺序功能图也是一种编程方法，它是一种图形说明语言，用于表示顺序控制的功能，目前国际电工协会（IEC）正在实施发展这种新式的编程标准。现在，不同的 PLC 生产厂家对这种编程语言所用的符号和名称也是不一样的，三菱公司称其为功能图语言。图 1.7 表示一个顺序功能图的编程示例。采用功能图对顺序控制系统编程非常方便，同时也很直观，在功能图中用户可以根据顺序控制步骤执行条件的变化，分析程序的执行过程，可以清楚地看到在程序执行过程中每一步的状态，便于程序的设计和调试。

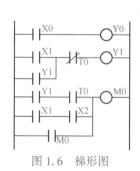

图 1.6　梯形图

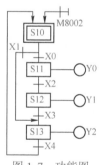

图 1.7　功能图

1.2.3　PLC 的工作原理

PLC 的工作原理可以简单地表述为在系统程序的管理下，通过运行应用程序完成用户任务。PLC 在确定了工作任务，装入了专用程序后成为一种专用机，它采用循环扫描的工作方式，系统工作任务管理及应用程序执行都是以循环扫描方式完成的。现叙述如下。

1. 分时处理及扫描工作方式

PLC 系统正常工作时所要完成的任务包括以下几个方面。

（1）计算机内部各工作单元的调度和监控。

（2）计算机与外部设备间的通信。

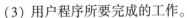

（3）用户程序所要完成的工作。

这些工作都是分时完成的，每项工作又都包含着许多具体的工作。以用户程序的完成来说又可分为以下三个阶段。

（1）输入处理阶段。输入处理也叫输入采样，在这个阶段，PLC 读入输入口的状态，并将它们存放在输入状态暂存区中。

（2）程序执行阶段。在这个阶段，PLC 根据本次读入的输入数据，依用户程序的顺序逐条执行用户程序。执行的结果存储在输出状态暂存区中。

（3）输出处理阶段。输出处理阶段称输出刷新阶段，它是一个程序执行周期的最后阶段。PLC 将本次执行用户程序的结果一次性地从输出状态暂存区送到各个输出口，对输出状态进行刷新。

这三个阶段也是分时完成的。为了连续地完成 PLC 所承担的工作，系统必须周而复始地依一定的顺序完成这一系列的工作，故把这种工作方式叫作循环扫描工作方式。PLC 用户程序执行阶段扫描工作的过程如图 1.8 所示。

2. PLC 循环扫描工作的特点

（1）定时集中采样。PLC 对输入端子的扫描只是在输入处理阶段进行。当 CPU 进入程序处理阶段后，输入端被封锁，直到下一个扫描周期的输入处理阶段才对输入状态端进行新的扫描。这种定时集中采样的工作方式保证了 CPU 执行程序时和输入端子隔离断开，输入端的变化不会影响 CPU 的工作，提高了 PLC 的抗干扰能力。

（2）集中输出。PLC 的输出数据由输出暂存器送到输出锁存器，再经输出锁存器送到输出端子上。PLC 在一个工作周期内，其输出暂存器中的数据随输出指令执行的结果而变化，而输出锁存器中的数据一直保持不变，直到第三阶段才对输出锁存器的数据进行刷新。这种集中输出的工作方式使 PLC 在执行程序时，输出锁存器一直与输出端子处于隔离断开状态，从而保证了 PLC 的抗干扰能力，提高了 PLC 的可靠性。

3. 扫描周期及 PLC 的两种工作状态

PLC 有两种基本的工作状态，即运行（RUN）状态与停止（STOP）状态。运行状态是执行应用程序的状态。停止状态一般用于程序的编制与修改。如图 1.9 所示给出了运行和停止两种状态下 PLC 不同的扫描过程。由图可知，在这两个不同的工作状态下，扫描过程所要完成的任务是不相同的。

只要 PLC 处在 RUN 状态，它就反复地循环工作。PLC 的扫描周期就是 PLC 的一个完整工作周期，即从读入输入状态到发出输出信号所用的时间，它与程序的步数、时钟频率及所用指令的执行时间有关。一般输入采样和输出刷新只需要 1～2ms，所以扫描时间主要由用户程序执行的时间决定。

4. PLC 执行用户程序的过程

PLC 执行用户程序的过程如图 1.10 所示。当 PLC 处于 RUN 状态时，在初始化之后，CPU 对输入端进行扫描，将输入数据存入输入暂存器，此时，PLC 内部程序计数器的内容为 0000，它指出了用户的第一条指令为"LD X0"，这条指令让 CPU 进行取指令、译码及执行操作。CPU 首先将输入暂存器中 X0 单元的内容存入结果寄存器，这个动作完成后，程序计数器自动加 1，CPU 再将第二条指令"AND X1"存入指令寄存器，译成机器语言后执行，所执行的操作是将结果寄存器中的内容和输入暂存器 X1 单元中的内容相"与"后,存入结果寄存器。当 CPU 完成上述操作后,程序计数器又自动加 1,再将"OUT Y0"指令存入指令寄存器,CPU 将结果寄存器中的内容送到输出暂存器 Y0 单元,……,CPU 一直执行到程序的最后一条语句,才将输出暂存器中的内容送到输出锁存器,对输出信号进行刷新,然后程序计数器自动变为 0000,又开始新一次自动执行程序的过程。

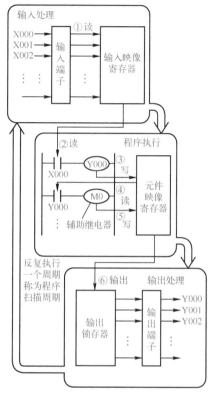

图 1.8　程序执行阶段扫描工作过程

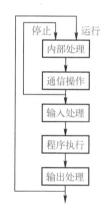

图 1.9　扫描过程示意图

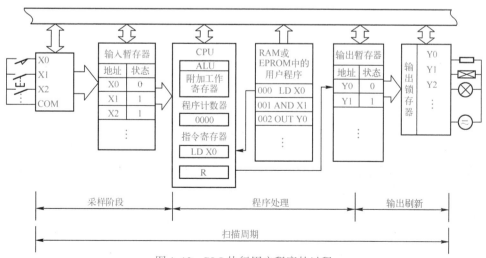

图 1.10　PLC 执行用户程序的过程

需要强调的是，PLC 在执行用户程序时，所取的输入数据是在扫描周期的输入信号处理阶段存入输入暂存器中的数据，并不是直接从现场传感器获得的信号，所以 PLC 在执行用户程序的过程中，输入端的变化对程序的执行不起作用。对于 PLC 的输出，在用户程序中如果对其多次赋值，则最后一次为有效。

1.2.4　PLC 的应用及发展

1. PLC 的应用

随着 PLC 技术的不断发展和完善，目前它已广泛应用于机械制造、石油化工、冶炼、电力、轻纺、汽车、交通及各种机电产品的生产中，典型的应用如下所述。

（1）顺序控制。这是最早的一种应用方式，也是应用最广的领域，目前已经取代了继电器在顺序控制系统中的主导地位，如各种生产、装配、包装流水线的控制，化工工艺过程的控制，印刷机械、组合机床的控制，交通运输的控制等。

（2）过程控制。在工业生产过程中用 PLC 可以实现对温度、压力、流量、物位、成分等各种模拟量的控制。具有 PID 控制功能的 PLC，通过其模拟量的输入/输出单元，可以实现闭环的过程控制，还可以和计算机组成集散控制系统。

（3）数据处理。PLC 具有四则运算、数据传送、数据变换、数据比较等功能，可以方便地对生产过程中的数据进行处理，实现软件滤波、线性化处理、标度变换的功能，构成多路巡回监测系统、闭环控制系统及模糊控制系统。

（4）通信联网和显示打印。一台 PLC 可以和计算机连接或和其他 PLC 连接用在集散控制系统中，PLC 的通信模块可以满足这些通信联网要求。此外，PLC 还可以连接显示终端和打印机等外围设备，实现显示和打印功能。

2. PLC 的发展

PLC 自问世以来，已成为很多发达国家的重要产业，PLC 在国际市场已成为最受欢迎的工业控制产品。随着科技的发展及市场需求量的增加，PLC 的结构和功能也在不断地改进，生产厂家不停地将功能更强的 PLC 推向市场，平均 3～5 年就更新一次。PLC 的发展方向主要有以下几个方面。

（1）向体积更小、速度更快的方向发展。虽然现在小型 PLC 的体积已经很小，但是微电子技术及电子电路装配工艺的不断改进，都会使 PLC 的体积变得更小，以便嵌入任何小型的机器和设备之中，同时 PLC 的执行速度也会越来越快，目前大型 PLC 的程序执行速度可达 34ns，从而保证了控制作用的实时性。

（2）向大型化、高可靠性、好的兼容性、多功能方向发展。现在的大型 PLC 向着容量大、智能化程度高和通信功能强的方向发展。面向大规模、复杂系统进行综合自动控制的 PLC，大多已采用多 CPU 的结构，如三菱公司的 AnA 系列 PLC 使用了世界上第一个在一块芯片上实现 PLC 全部功能的 32 位微处理器，即顺序控制专用芯片，其扫描一条基本指令的时间为 0.15μs。松下公司的 FP10SH 系列 PLC 采用 32 位 5 级流水线 RISC 结构的 CPU，可以同时处理 5 条指令，顺序指令的执行速度高达 0.04μs，高级功能指令的执行速度也有很大的提高。在有两个通信接口、256 个 I/O 点的情况下，FP10SH 的扫描时间为 0.27～0.42ms，大大提高了程序处理的速度。

在模拟量控制方面，除了专门用于模拟量闭环控制的 PID 模块，随着模糊控制技术的发展，已出现具有模拟量模糊控制、自适应控制、参数自整定功能的 PLC，这些 PLC 应用方便，调试时间短，控制精度进一步得到提高。

（3）与其他工业控制产品的结合。在大型自动控制系统中，计算机和 PLC 在应用功能方面互相融合、互补、渗透，使控制系统的性价比不断提高。目前，工业控制系统的发展趋势是采用开放式的应用平台，即网络、操作系统、监视及显示均采用国际标准或工业标准，如操作系统采用 UNIX、MS-DOS、Windows、OS2 等，这样可以实现不同厂家的 PLC 产品在同一个网络中运行。

目前，个人计算机主要用作 PLC 的编程器、操作站或人机接口终端。1988 年，美国 AB公司与 DEC 公司联合开发的金字塔集成器，将 PLC 和工业控制计算机有机地结合在一起，研制出一种新型的 IPLC 型可编程控制器（集成 PLC）。IPLC 是能运行于 MS-DOS 或Windows 操作系统下的可编程控制器，它实际上是一个能用梯形图语言以实时方式控制的 I/O 计算机。近年来推出的以计算机和 PLC 结合应用的方式有：在 PLC 的 CPU 模块旁边加插Windows CPU 或在计算机总线上插入 PLC 的 CPU 模块，采用这种方式可以使生产和管理更加便利，将数据处理、通信、控制程序统一起来，保留了 PLC 简单、易用和高可靠性的特点，同时又具有计算机强大的数据处理能力，使现场的生产数据、生产计划调度、管理可以直接上机操作获取。

1.3　可编程控制器系统与继电—接触器系统

1.3.1　继电—接触器系统简介

在 PLC 诞生之前，在工业控制中大多采用继电—接触器系统，它是以继电器、接触器为主体的电气控制装置。继电器、接触器均为电磁式电器。它们的结构如图 1.11 所示，由励磁线圈、铁芯、触点等组成。其中触点用于接通或断开电路，线圈通电前呈断开状态的触点为常开触点，如图 1.11 中触点 3、4，呈接通状态的触点为常闭触点，如图 1.11 中触点 1、2。同一只接触器或继电器常有多对常开、常闭触点。当励磁线圈通电，衔铁在磁力作用下向下运动，被铁芯吸合时，常开触点接通，常闭触点断开，以完成电路的切换。根据触点的动作特征，常开触点也被称为动合触点，常闭触点也被称为动断触点。

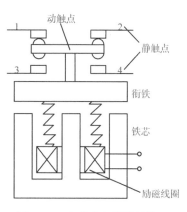

图 1.11　电磁式电器的结构

触点还分为主触点和辅助触点。用于主电路，切换较大电流的触点称为主触点；用于控制电路，只能通过较小电流的触点称为辅助触点。图 1.12 所示是使用接触器、按钮等电气元件构成的三相异步电动机单向运转电路。图 1.12（a）为主电路，接触器 KM 的常开主触点控制电动机电源的通断。图 1.12（b）为控制电路，由 KM 的线圈、常开辅助触点及启动按钮 SB_2、停止按钮 SB_1 组成。控制电路的作用是实现对主电路电器的控制及保护。其逻辑关系如下所述。

当按下 SB_2 时，KM 得电，KM 并联在 SB_2 触点上的常开辅助触点动作，使 KM 在 SB_2 松开后仍能保持接通状态，电动机运行。当按下 SB₁ 时，KM 失电，电动机停车。

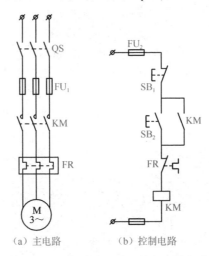

（a）主电路　　（b）控制电路

图 1.12　三相异步电动机单向运转电路

图 1.13 所示是交流异步电动机可逆运转电路。图中组成电路的电气元件仍旧是接触器和按钮，只是数量及电路连接方法不一样，电动机从单向运行变成了双向运行。这说明通过继电器、接触器及其他控制元件的线路连接，可以实现一定的控制逻辑，从而实现生产设备的各种操作控制。人们将由导线连接决定器件间逻辑关系的控制方式称为接线逻辑。为了方便表述，本书称继电—接触器控制装置为"继电器电路"。

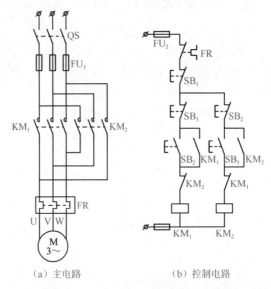

（a）主电路　　　　　（b）控制电路

图 1.13　交流异步电动机可逆运转电路

随着工业自动化程度的不断提高，使用继电器电路构成工业控制系统的缺陷不断地被暴露出来。首先，复杂的系统使用成百上千个各种各样的继电器，成千上万根导线连接得密如蛛网。只要有一个电器、一根导线出现故障，系统就不能正常工作，这就大大降低了接线逻辑系统的可靠性。其次，对这种系统的维修及改造难度较大，特别是技术改造，当试图改变工作设备的工作过程以改善设备的功能时，人们宁愿重新生产一套控制设备，都不愿意将继电器控制柜中的线路重新连接。在 20 世纪六七十年代，社会的进步要求制造业生产出小批量、多品种、多规格、低成本、高质量的产品以满足市场的需要，外加当时电子技术已经有了一定的发展，于是人们开始寻求一种以存储逻辑代替接线逻辑的新型工业控制设备，即后来的 PLC。

1.3.2　可编程控制器系统与继电—接触器系统工作原理的差别

通过前面的介绍可知，将以电磁开关为主体的低压电气元件用导线依一定的规律连接起来，就得到了继电—接触器系统。系统中的接线表达了各电气元件之间的关系，要想改变这种关系就要改变接线。而可编程控制器是计算机，在它的接口上接有各种元器件，元器件之间的逻辑关系是通过程序来表达的，改变这种关系只要重新编写程序就行了。

从工业应用来看，可编程控制器的前身是继电—接触器系统。在逻辑控制场合，可编程控器的梯形图和继电—接触器系统的电路图非常相似。

但是两者在运行时序上有着根本的不同。对于继电—接触器系统来说，若忽略电磁滞后及机械滞后，同一个继电器的所有触点的动作是和它的线圈通电或断电同时发生的。但在 PLC 中，由于指令是分时扫描执行的，故同一个器件的各个触点的动作并不同时发生。这就是继电—接触器系统的并行工作方式和 PLC 的串行工作方式的差别。图 1.14 所示的梯形图程序叫作定时点灭电路。程序中使用了一只时间继电

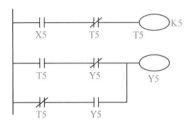

图 1.14　定时点灭电路

器 T5 及一只输出继电器 Y5，X5 是电路的开关。电路的功能是 Y5 接通 0.5s，断开 0.5s，反复交替进行。这个电路是以 PLC 为基础的，如将图中的器件换成继电器和接触器，则电路是不可能工作的。例如，当时间继电器 T5 的线圈得电计时且时间到而动作时，接在线圈前面的 T5 的常闭触点将断开线圈电路，使线圈失去得电条件。这个梯形图能很好地体现 PLC 程序扫描执行的特点。请读者自行分析。

1.4　PLC 的基本实训

实训 1　FX₂ₙ 系列 PLC 机器硬件的认识及使用

1. 实训目的

（1）认识 FX₂ₙ 系列 PLC 外部端子的功能及连接方法；了解 I/O 点的编号、分类、主要技术指标及使用注意事项。

（2）了解 FX₂ₙ 系列 PLC 基本单元、扩展单元、特殊功能模块的型号、功能及技术指标。

（3）了解 PLC 控制系统的组成及技术实现。

2. 实训内容

（1）机器硬件认识与使用。

FX₂ₙ 系列 PLC 为小型 PLC，采用单元式结构形式。

FX₂ₙ—48MR PLC 面板如图 1.15 所示，它由三部分组成，即外部接线端子（输入/输出接线端子）、指示部分和接口部分，各部分的组成及功能如下所述。

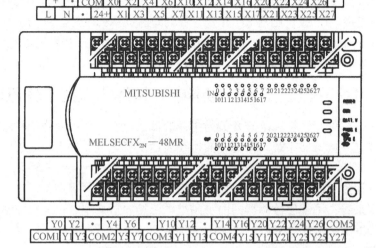

图 1.15　FX$_{2N}$—48MR PLC 面板

① 外部接线端子。外部接线端子包括 PLC 电源（L、N）、输入用直流电源（24+、COM）、输入端子（Y）、运行控制（RUN）和机器接地等。它们位于机器两侧可拆卸的端子板上，每个端子均有对应的编号，主要完成电源、输入信号和输出信号的连接。

② 指示部分。指示部分包括各输入/输出点的状态指示、机器电源指示（POWER）、机器运行状态指示（RUN）、用户程序存储器后备电池指示（BATT）和程序错误或 CPU 错误指示（PROG-E、CPU-E）等，用于反映 I/O 点和机器的状态。

③ 接口部分。FX$_{2N}$ 系列 PLC 有多个接口，主要包括编程器接口、存储器接口、扩展接口和特殊功能模块接口等。在机器面板的左下角，还设置了一个 PLC 运行模式转换开关 SW1，它有 RUN 和 STOP 两个位置，RUN 使机器处于运行状态（RUN 指示灯亮）；STOP 使机器处于停止运行状态（RUN 指示灯灭）。当机器处于 STOP 状态时，可进行用户程序的录入、编辑和修改。接线端子板上也有一个 RUN 端子，它的功能与 SW1 相同，如果该端子有输入信号，可使机器处于运行状态，否则，机器处于停止运行状态。接口的作用是完成基本单元同编程器、外部存储器、扩展单元和特殊功能模块的连接，在 PLC 技术应用中会经常用到。

（2）I/O 点的类别、编号及使用说明。

I/O 端子是 PLC 的重要部件，是 PLC 与外部设备（输入设备、输出设备）连接的通道，其数量、类别也是 PLC 的主要技术指标之一。一般 FX 系列 PLC 的输入端子（X）位于机器的一侧，输出端子（Y）位于机器的另一侧。

FX$_{2N}$ 系列 PLC 的 I/O 点数量、类别随机器型号的不同而不同，但 I/O 点数量比例及编号规则完全相同。一般输入点与输出点的数量之比为 1：1，也就是说输入点数等于输出点数。FX 系列 PLC 的 I/O 点编号采用八进制，即 00～07、10～17、20～27…。输入点前面加"X"，输出点前面加"Y"。扩展单元和 I/O 扩展模块其 I/O 点编号应紧接基本单元的 I/O 编号之后，依次分配编号。

I/O 点的作用是将 I/O 设备与 PLC 进行连接，使 PLC 与现场构成系统，以便从现场通过输入设备（元件）得到信息（输入），或将经过处理后的控制命令通过输出设备（元件）送到现场（输出），从而实现自动控制的目的。

输入回路连接示意图如图 1.16 所示。COM 通过具体的输入元件（如按钮、转换开关、行程开关、继电器的触点、传感器等）连接到对应的输入点上，通过输入点 X 将信息送到 PLC 内部，一旦某个输入元件状态发生变化，对应输入点 X 的状态也就随之变化，这样 PLC 可随时检测到这些信息。

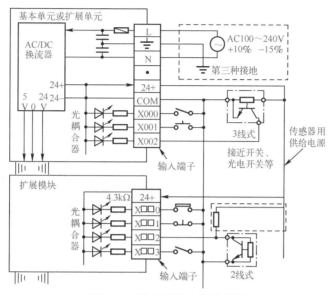

图 1.16　输入回路连接示意图

输出回路是 PLC 的负载驱动回路，输出回路连接示意图如图 1.17 所示。PLC 仅提供输出点，通过输出点使负载得到驱动。负载电源的规格应根据负载的需要和输出点的技术规格进行选择。

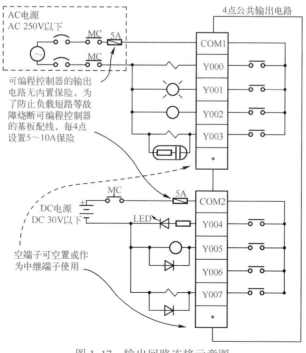

图 1.17　输出回路连接示意图

在实现输出回路时，应注意的事项如下。

① 输出点的共 COM 问题。一般情况下，每个输出点应有两个端子，为了减少输出端子的个数，PLC 在内部将其中一个输出点采用公共端连接，即将几个输出点的一端连接到一起，形成公共端 COM。FX$_{2N}$ 系列 PLC 的输出点一般采用每 4 个点共 COM 的连接，如图 1.18 所示。在使用时要特别注意，否则可能导致不能正确驱动负载。

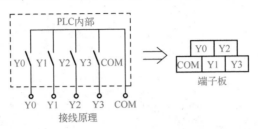

图 1.18　输出点的共 COM 连接

② 输出点的技术规格。不同的输出类别有不同的技术规格。应根据负载的类别、大小、负载电源的等级、响应时间等选择不同类别的输出形式。要特别注意负载电源的等级和最大负载的限制，以防止出现负载不能被驱动或 PLC 输出点损坏等情况的发生。

③ 多种负载和多种负载电源共存的处理。由同一台 PLC 控制的负载其电源的类别、电压等级可能不同，在连接负载时（实际上在分配 I/O 点时），应尽量让负载电源不同的负载不使用共 COM 的输出点。若要使用，应注意干扰和短路等问题。

（3）PLC 的初步应用——三相异步电动机点动和连续运行控制。

PLC 控制系统由硬件和软件两部分组成，如图 1.19 所示。硬件部分就是将输入元件通过输入点与 PLC 连接，将输出元件通过输出点与 PLC 连接，构成 PLC 控制系统的硬件系统。软件部分即控制思想，用 PLC 指令将控制思想转化为 PLC 可接收的程序。下面以三相异步电动机点动和连续控制为例对 PLC 控制系统进行初步认识。

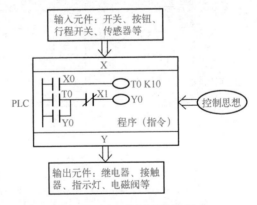

图 1.19　PLC 控制系统的组成

① 输入/输出元件地址分配。根据要求，在电动机点动、连续运行控制中，有 4 个输入控制元件：启动按钮 SB$_1$、停止按钮 SB$_2$、点动按钮 SB$_3$ 和热继电器 FR；有 3 个输出元件：接触器线圈 KM、绿色指示灯 HL$_1$ 和红色指示灯 HL$_2$。输入/输出元件的地址分配如表 1.1 所示。

表 1.1　点动、连续运行控制输入/输出元件的地址分配

输　入			输　出		
输入继电器	电路元件	作　用	输出继电器	电路元件	作　用
X000	SB₁	启动按钮	Y000	KM	电动机接触器
X001	SB₂	停止按钮	Y001	HL₁	表示启动的绿色指示灯
X002	SB₃	点动按钮	Y002	HL₂	表示停止的红色指示灯
X003	FR	过载保护			

② 输入/输出接线图。本实训采用三菱 **FX₂ₙ—16MR** 型 PLC 实现点动、连续运行控制，其输入/输出的接线如图 1.20 所示。

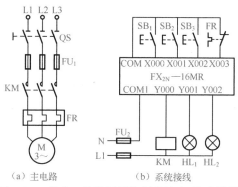

（a）主电路　　　　　（b）系统接线

图 1.20　点动、连续运行控制的输入/输出接线

③ 参考梯形图程序。根据点动、连续运行控制的控制要求，编写梯形图程序，如图 1.21 所示。

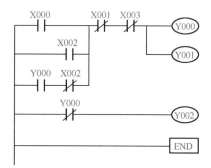

图 1.21　点动、连续运行控制的梯形图程序

梯形图程序所对应的指令语句如表 1.2 所示。

表 1.2　点动、连续运行控制的指令语句

指令语句	指令语句	指令语句	指令语句
0　LD X000	3　ANI X002	6　ANI X003	9　LDI Y000
1　OR X002	4　ORB	7　OUT Y000	10　OUT Y002
2　LD Y000	5　ANI X001	8　OUT Y001	11　END

④ 实训要求。

● 指导教师事先将指令语句写入 PLC。

● 按要求由学生独立将系统连接起来。

● 让学生亲自操作，观察系统的运行，体会系统组成和控制要求。

综上，总结归纳出 PLC 技术应用的一般步骤如下所述。

① 分析被控对象的工艺条件和控制要求。

② 根据被控对象对 PLC 控制系统的功能、要求和所需输入/输出的点数，选择适当类型的 PLC。

③ 分配输入/输出点，绘制控制系统的接线图。

④ 根据被控对象的工艺条件和控制要求，设计梯形图或状态转移图。如果控制系统是继电器控制线路，则可将其改造为梯形图。

⑤ 根据梯形图，用选用机型的指令编制程序。

⑥ 用编程器将指令语句写入 PLC。

⑦ 调试系统。首先按系统接线图连接好系统，然后根据控制要求对控制系统进行调试，直到符合要求。

实训 2　三相异步电动机的正反转控制

1. 实训目的

（1）掌握梯形图和语句表的编程规则。

（2）用 PLC 实现对三相异步电动机的正反转控制。

（3）训练编程的思想和方法。

2. 控制要求

如图 1.22 所示是三相异步电动机正反转运行电路，KM_1 为电动机正向运行交流接触器，KM_2 为电动机反向运行交流接触器，SB_1 为正向启动按钮，SB_3 为反向启动按钮，SB_2 为停止按钮，KH 为过载保护热继电器。当按下 SB_1 时，KM_1 线圈通电吸合，KM_1 主触点闭合，电动机开始正向运行，同时 KM_1 的辅助常开触点闭合使 KM_1 线圈保持吸合，实现了电动机的正向连续运行，直到按下停止按钮 SB_2；反之，当按下 SB_3 时，KM_2 线圈通电吸合，KM_2 主触点闭合，电动机开始反向运行，同时 KM_2 的辅助常开触点闭合使 KM_2 线圈保持吸合，实现了电动机的反向连续运行，直到按下停止按钮 SB_2；KM_1、KM_2 线圈互锁确保不同时通电，本实训研究用 PLC 实现三相异步电动机正反转控制电路。

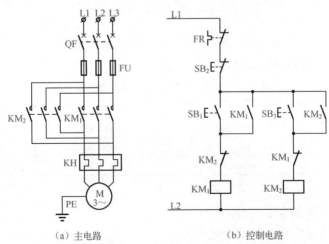

（a）主电路　　　　　　　　　　（b）控制电路

图 1.22　三相异步电动机正反转运行电路

3. 实训内容和步骤

（1）输入/输出端口配置。

输 入		输 出	
设 备	端口编号	设 备	端口编号
正向启动按钮 SB$_1$	X0	正向运行用交流接触器 KM$_1$	Y0
停止按钮 SB$_2$	X1	反向运行用交流接触器 KM$_2$	Y1
反向启动按钮 SB$_3$	X2		
过载保护 KH	X3		

（2）根据输入/输出点分配，画出 PLC 的接线图。参考接线图如图 1.23（a）所示。

（3）按控制要求设计梯形图和指令表。

（4）输入程序并进行调试。

（5）参考梯形图和语句表如图 1.23（b）所示。

如果按下 SB$_1$，X0 接通，X0 的常开触点闭合，驱动 Y0 动作，使 Y0 外接的 KM$_1$ 线圈吸合，KM$_1$ 的主触点闭合，主电路接通，电动机 M 正向运行，同时梯形图中 Y0 的常开触点接通，使得 Y0 的输出保持，起到自保作用，维持电动机 M 的连续正向运行，另外 Y0 的常闭触点断开，确保在 Y0 接通时，Y1 不能接通，起到互保作用。直到按下 SB$_2$，此时 X1 接通，常闭触点断开，使 Y0 断开，Y0 外接的 KM$_1$ 线圈释放，KM$_1$ 的主触点断开，主电路断开，电动机 M 停止运行。同理，可分析反向运行过程。

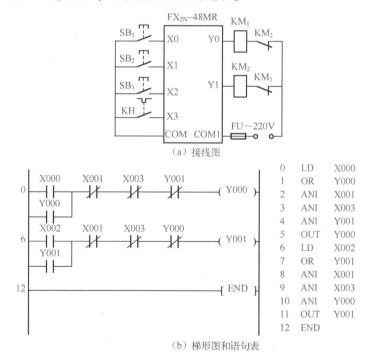

（a）接线图

（b）梯形图和语句表

图 1.23 用 PLC 实现电动机正反转控制

思考与练习

1.1　简述 PLC 的定义。

1.2　PLC 的基本结构包括哪些部分？试阐述其基本工作原理。

1.3　PLC 有哪些编程语言？常用的编程语言有哪些？

1.4　简述 PLC 循环扫描的工作过程及特点。

1.5　PLC 开关量输出接口按输出开关器件的种类不同，有哪几种形式？

1.6　简述 PLC 输入/输出的接线方式。

1.7　PLC 输出端接负载时应注意哪些问题？

第 2 章　FX_{2N} 系列 PLC 的基本指令及编程方法

31

本章要点

1. FX_{2N} 系列 PLC 的内部系统配置。
2. PLC 的主要编程元件。
3. 基本逻辑指令的操作功能及编程方法。
4. PLC 编程的基本原则。

2.1　FX_{2N} 系列 PLC 的内部系统配置

PLC 的内部有许多不同功能的器件，可以实现 PLC 的控制功能，如输入/输出继电器、辅助继电器、计时器、计数器等，这些器件是由电子电路和存储器组成的，将其统称为 PLC 的内部系统配置，即 PLC 各种功能的软继电器，每个软继电器都有确切的编号，其编号由 PLC 的机型决定，不同厂家、不同系列的 PLC 编号是不同的，编程时要查阅 PLC 的使用说明书。本节以 FX_{2N} 系列为例介绍 PLC 的内部系统配置。

2.1.1　FX_{2N} 系列 PLC 的命名方式

FX_{2N} 系列 PLC 采用一体化的箱体式结构，所有的电路都装在一个箱体内，其体积小，结构紧凑，安装方便。为了便于输入/输出点数的灵活配置，FX_{2N} 系列 PLC 由基本单元（主机）和扩展单元构成。FX_{2N} 系列 PLC 还有许多专用的特殊功能单元，如模拟量的 I/O 单元、高速计数单元、位置控制单元、凸轮控制单元等，大多数单元都通过单元的扩展口与 PLC 主机相连接。某些特殊功能单元是通过 PLC 的编程器接口连接的，还有的通过主机上并接的适配器接入，这不影响原系统的扩展。

FX_{2N} 系列 PLC 由基本单元、扩展单元、扩展模块及特殊适配器共 4 部分构成。基本单元内部有存储器和 CPU，基本单元为必用装置，扩展单元是在要增加 I/O 点数时使用的装置。利用扩展单元，可以以 8 为单位增加 I/O 点数，也可以只增加输入点数或只增加输出点数。FX_{2N} 系列 PLC 的最大输入/输出点数为 256 点。

1. FX$_{2N}$系列 PLC 的基本单元

FX$_{2N}$系列 PLC 基本单元的型号说明如下。

FX$_{2N}$	—	□□	M	□	□
系列序号		I/O 总点数	基本单元	输出形式	其他区分

FX$_{2N}$系列 PLC 基本单元的内部系统配置如表 2.1 所示。

表 2.1　FX$_{2N}$系列 PLC 基本单元一览表

I/O 总点数	输入点数/输出点数	AC 电源 DC 输入		
		继电器输出	晶闸管输出	晶体管输出
16	8	FX$_{2N}$−16M−001	—	FX$_{2N}$−16MT−001
32	16	FX$_{2N}$−32M−001	FX$_{2N}$−32MS−001	FX$_{2N}$−32MT−001
48	24	FX$_{2N}$−48M−001	FX$_{2N}$−48MS−001	FX$_{2N}$−48MT−001
64	32	FX$_{2N}$−64M−001	FX$_{2N}$−64MS−001	FX$_{2N}$−64MT−001
80	40	FX$_{2N}$−80M−001	FX$_{2N}$−80MS−001	FX$_{2N}$−80MT−001
128	64	FX$_{2N}$−128M−001	—	FX$_{2N}$−128MT−001

2. FX$_{2N}$系列 PLC 的扩展单元

FX$_{2N}$系列 PLC 扩展单元的型号说明如下。

FX$_{2N}$	—	□□	E	□	□
系列序号		I/O 总点数	扩展设备	输出形式	其他区分

FX$_{2N}$系列 PLC 扩展单元的内部系统配置如表 2.2 所示。

表 2.2　FX$_{2N}$系列 PLC 扩展单元一览表

I/O 总点数	输入点数	输出点数	AC 电源 DC 输入		
			继电器输出	晶闸管输出	晶体管输出
32	16	16	FX$_{2N}$−32ER	—	FX$_{2N}$−32ET
48	24	24	FX$_{2N}$−48ER	—	FX$_{2N}$−48ET

3. FX$_{2N}$系列 PLC 的扩展模块

FX$_{2N}$系列 PLC 扩展模块的型号说明如下。

FX$_{□N}$	—	□□	E	□
系列序号		I/O 总点数	扩展设备	输出形式

FX$_{2N}$系列 PLC 扩展模块的内部系统配置如表 2.3 所示。

表 2.3　FX$_{2N}$系列 PLC 扩展模块一览表

I/O 总点数	输入点数	输出点数	继电器输出	输　　入	晶体管输出	晶闸管输出	输入电压	连接方式
8（16）	4（8）	4（8）	FX$_{0N}$−8ER	—	—		DC24V	*
8	8	0	—	FX$_{0N}$−8EX	—		DC24V	*
8	0	8	FX$_{0N}$−8EYR	—	FX$_{0N}$−8EYT	—		*
16	16	0	—	FX$_{0N}$−16EX	—		DC24V	*
16	0	16	FX$_{0N}$−16EYR	—	FX$_{0N}$−16EYT	—		*
16	16	0	—	FX$_{2N}$−16EX	—		DC24V	#
16	0	16	FX$_{2N}$−16EYR	—	FX$_{2N}$−16EYT	FX$_{2N}$−16EYS	—	#

注：* 为横端子台，# 为纵端子台。

4. FX₂ₙ系列 PLC 特殊扩展设备型号

FX₂ₙ系列 PLC 特殊扩展设备型号如表 2.4 所示。

表 2.4　FX₂ₙ系列 PLC 特殊扩展设备型号

区分	型号	名称	占有点数		耗电
			输入	输出	DC 5V
特殊功能板	FX₂ₙ-8AV-BD	容量适配器	—		20mA
	FX₂ₙ-422-BC	RS-422 通信板	—		60mA
	FX₂ₙ-485-BD	RS-485 通信板	—		60mA
	FX₂ₙ-232-BD	RS-232 通信板	—		20mA
	FX₂ₙ-CNV-BD	FX₀ₙ用适配器连接板	—		—
特殊模块	FX₀ₙ-3A	2CH 模拟输入 1CH 模拟输出	—	8	30mA
	FX₀ₙ-16NT	M-NET/MINI 用（胶合导线）	8	8	20mA
	FX₂ₙ-4AD	4CH 模拟输入、输出	—	8	30mA
	FX₂ₙ-4DA	4CH 模拟输出	—	8	30mA
	FX₂ₙ-4AD-PT	4CH 温度传感器输入	—	8	30mA
	FX₂ₙ-4AD-TC	4CH 温度传感器输入（热电偶）	—	8	30mA
	FX₂ₙ-1HC	50kHz 两相调整计数器	—	8	90mA
	FX₂ₙ-1PG	100Kpps 脉冲输出模块	—	8	55mA
	FX-2321F	RS-232 通信接口	16	8	40mA
	FX-16NP	M-NET/M1N1 用（光纤）	16	8	80mA
	FX-16NT	M-NET/M1N1 用（胶合导线）	8 8	8	80mA
	FX-16NP-S3	M-NET/M1N1-S3 用（光纤）	8 8	8	80mA
	FX-16NP-S3	M-NET/M1N1-S3（胶合导线）	—	8	80mA
	FX-2DA	2CH 模拟输出	—	8	30mA
	FX-4DA	4CH 模拟输出	—	8	30mA
	FX-4AD	4CH 模拟输入	—	8	30mA
	FX-2AD-PT	2CH 温度输入（Pt-100）	—	8	30mA
	FX-4AD-TC	4CH 传感器输入（热电偶）	—	8	40mA
	FX-1HC	50kHz 两相高速计数器	—	8	70mA
	FX-1PG	100Kpps 脉冲输出块	—	8	55mA
	FX-1D1F	1D1F 接口	8 8	8	130mA
特殊单元	FX-1GM	定位脉冲输出单元（1 轴）	—	8	自给
	FX-10GM	定位脉冲输出单元（1 轴）	—	8	自给
	FX-20GM	定位脉冲输出单元（2 轴）	—	8	自给

5. 型号名称组成符号的含义

（1）I/O 总点数。基本单元、扩展单元的输入/输出点数都相同。

（2）输出形式。

① R：继电器输出（有干接点，交流、直流负载两用）。

② S：三端双向晶闸管开关元件输出（无干接点，交流负载）。

③ T：晶体管输出（无干接点，直流负载用）。

（3）其他区分。

无符号：AC 100/200V 电源，DC 24V 输入（无输出）。

（4）输入/输出形式。

① R：DC 输入 4 点、继电器输出 4 点的组合。

② X：输入专用（无输出）。

③ YR：继电器输出专用（无输入）。

④ YS：三端双向晶闸管开关元件输出专用（无输入）。

⑤ YT：晶体管输出专用（无输入）。

2.1.2　FX$_{2N}$ 系列 PLC 的主要编程元件

PLC 是按照电气继电控制线路设计思想，借助大规模集成电路和计算机技术开发的一种新型工业控制器。使用者可以不必考虑 PLC 内部元器件的具体组成线路，而将 PLC 看作由各种功能元器件组成的工业控制器，利用编程语言对这些元器件线圈、触点进行编程以达到控制要求，为此使用者必须熟悉和掌握这些元器件的功能、编号及其使用方法。每种元器件都用特定的字母来表示，如 X 表示输入继电器、Y 表示输出继电器、M 表示辅助继电器、T 表示定时器、C 表示计数器、S 表示状态元件等，并对这些元器件给予规定的编号。下面对主要元器件做一下说明。

FX$_{2N}$ 系列 PLC 有数十种编程元件，其编号分为两部分。第一部分是功能的字母，如输入继电器用"X"表示，输出继电器用"Y"表示；第二部分为数字，数字为该类器件的序号。FX$_{2N}$ 系列 PLC 中输入继电器及输出继电器的序号为八进制数，其余器件的序号为十进制数。

（1）输入继电器（X）。FX$_{2N}$ 系列 PLC 输入继电器用 X 表示，采用八进制的地址编号，编号范围为 X000 ～ X267（184 点）。其特点是：输入继电器与 PLC 的输入端相连，用于PLC 接收外部开关信号，如开关、传感器等输入信号。它的状态由外部控制现场的信号驱动（由外部输入器件接入的信号），不受 PLC 程序的控制，编程时使用次数不限。它可提供无数对常开触点和常闭触点，编程时使用次数不限，这些触点在 PLC 内可以自由使用。

（2）输出继电器（Y）。采用八进制的地址编号。输出继电器编号范围为 Y000 ～ Y267（184点）。其特点是：受 PLC 程序的控制；每一个输出继电器的常开、常闭触点在编程时都可以无限次数的使用；一个输出继电器对应于输出模块上外接的一个物理继电器或其他执行元件。

输入继电器和输出继电器的使用如图 2.1 所示。

（3）辅助继电器（M）。PLC 内部有很多辅助继电器，辅助继电器与输出继电器一样只能用程序指令驱动，外部信号无法驱动它的常开、常闭触点，在 PLC 内部编程时可以无限次地自由使用。但是，这些触点不能直接驱动外部负载，外部负载必须由输出继电器的外部触点来驱动。

在逻辑运算中经常需要使用一些中间继电器进行辅助运算，这些器件往往用于状态暂存或移位等运算。另外，辅助继电器还具有一些特殊功能。下面是几种常见的辅助继电器。

① 通用辅助继电器 M0 ～ M499（500 点）。通用辅助继电器按十进制地址编号，共 500 点。

② 断电保持辅助继电器 M500 ～ M1023（524 点）。PLC 在运行过程中若发生停电，输出继电器和通用辅助继电器全部变为断开状态。上电后，除了 PLC 运行时被外部输入信号

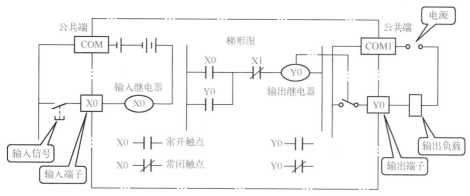

图 2.1　输入继电器和输出继电器的使用

接通的继电器，其他仍断开。不少控制系统要求保持断电瞬间状态，断电保持辅助继电器就适用于此类场合，断电保持是由 PLC 内装锂电池支持的。

③ 特殊辅助继电器 M8000 ～ M8255（256 点）。PLC 内有 256 个特殊辅助继电器，这些特殊辅助继电器各自具有特定的功能。通常分为两大类。

- 只能利用其触点的特殊辅助继电器。线圈由 PLC 自动驱动，用户只可以利用其触点。如 M8000 为运行监控用特殊辅助继电器，PLC 运行时 M8000 接通；M8002 为仅在运行开始瞬间接通的初始脉冲特殊辅助继电器；M8012 为产生 100ms 时钟脉冲的特殊辅助继电器（M8011 为 10ms 时钟脉冲发生器，M8013 为 1s 时钟脉冲发生器）。
- 可驱动线圈的特殊辅助继电器。用户激励线圈后，PLC 做特定动作。如 M8030 为锂电池电压指示灯特殊辅助继电器，当锂电池电压下降时，M8030 动作，指示灯亮，提醒 PLC 维修人员需要赶快更换锂电池了；M8033 为 PLC 停止时输出保持辅助继电器；M8034 为禁止全部输出特殊辅助继电器；M8039 为定时扫描特殊辅助继电器。

需要说明的是，未定义的特殊辅助继电器不可在用户程序中使用。

辅助继电器的常开、常闭触点在 PLC 内可无限次地使用。

（4）状态器（S）。状态器是构成状态转移图的重要器件，它与步进顺控指令配合使用。通常来说，状态器有下面五种类型。

- 初始状态器 S0 ～ S9，共 10 点。
- 回零状态器 S10 ～ S19，共 10 点。
- 通用状态器 S20 ～ S499，共 480 点。
- 保持状态器 S500 ～ S899，共 400 点。
- 报警用状态器 S900 ～ S999，共 100 点。这 100 个状态器可用作外部故障诊断输出。

S0 ～ S499 没有断电保持功能，但是用程序可以将它们设定为有断点保持功能的状态。状态器的常开、常闭触点在 PLC 内可以使用，且使用次数不限。不用步进顺控指令时，状态器 S 可以作为辅助继电器 M 在程序中使用。此外，每一个状态器还提供一个步进触点，称为 STL 触点，在步进控制的梯形图中使用。

（5）定时器（T）。定时器相当于继电器电路中的时间继电器，可在程序中用作延时控制，它可以提供无限对常开延时触点和常闭延时触点。定时器元件号按十进制编号，设定的时间由编程时设定的系数 K 决定。

① 定时器的类型。FX$_{2N}$系列 PLC 的定时器具有以下 4 种类型。

- 100ms 定时器：T0～T199（200 点），计时范围为 0.1～3 276.7s。
- 10ms 定时器：T200～T245（46 点），计时范围为 0.01～327.67s。
- 1ms 积算定时器：T246～T249（4 点：中断动作），计时范围为 0.001～32.767s。
- 100ms 积算定时器：T250～T255（6 点），计时范围为 0.1～3276.7s。

② 定时器的工作原理。PLC 中的定时器是对机内 1ms、10ms、100ms 等不同规格时钟脉冲累加计时的。定时器除了占有自己编号的存储器位，还占有一个设定值寄存器和一个当前值寄存器。设定值寄存器存放程序赋予的定时设定值，当前值寄存器记录计时当前值。这些寄存器为 16 位二进制存储器，其最大值乘以定时器的计时单位值即是定时器的最大计时范围值。定时器满足计时条件时开始计时，当前值寄存器则开始记数，当它的当前值与设定值寄存器存放的设定值相等时定时器动作，其常开触点接通，常闭触点断开，并通过程序作用于控制对象，达到时间控制的目的。

③ 普通定时器与积算定时器的使用。如图 2.2 所示为定时器在梯形图中使用的情况，图 2.2（a）所示为普通定时器，图 2.2（b）所示为积算定时器。图 2.2（a）中 X001 为计时条件，当 X001 接通时，定时器 T10 计时开始。K20 为设定值，十进制数"20"为该定时器计时单位值的倍数。T10 为 100ms 定时器，当设定值为"K20"时，其计时时间为 2s。图中，Y010 为定时器的工作对象，当计时时间到时，定时器 T10 的常开触点接通，Y010 置 1。在计时过程中，计时条件 X001 断开或 PLC 电源停电，计时过程中止且当前值寄存器复位（置 0）。若 X001 断开或 PLC 电源停电发生在计时过程完成且定时器的触点已动作时，触点的动作将不能保持。

若把定时器 T10 换成积算定时器 T250，情况就不一样了。积算定时器在计时条件失去或 PLC 失电时，其当前值寄存器的内容及触点状态均可保持，可在多次断续的计时过程中"累计"计时时间，所以称为"积算"。如图 2.2（b）所示为积算定时器 T250 的工作梯形图。因积算定时器的当前值寄存器及触点都有记忆功能，所以必须在程序中加入专门的复位指令，图中 X002 即为复位条件。当 X002 执行"RST T250"指令时，T250 的当前值寄存器及触点同时置 0。

定时器可采用十进制常数（K）作为设定值，也可用后述的数据寄存器的内容作间接指定。

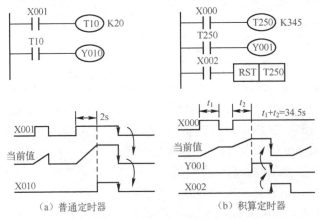

（a）普通定时器　　　　（b）积算定时器

图 2.2　定时器的使用

（6）计数器（C）。计数器元件号按十进制编号，计数器计数次数由编程时设定系数 K 决定，它可提供无限对常开触点、常闭触点供编程使用。C0～C99 为通用加计数器，计数范围为 1～32 767；C100～C199 为停电保持加计数器，计数范围为 1～32 767；其他还有可逆加减计数器等。

计数器在程序中用作计数控制。FX₂ₙ系列 PLC 计数器可分为内部计数器和外部计数器。内部计数器是对机内元件（X、Y、M、S、T 和 C）的信号计数的计数器，由于机内信号的频率低于扫描频率，故内部计数器是低速计数器，也称普通计数器。对于高于机器扫描频率的信号进行计数，需要用到高速计数器，机内高速计数器的使用将在后续章节中介绍。这里仅对普通计数器做一下简单介绍。

① 16 位增计数器（设定值：1～32 767）。有两种 16 位二进制增计数器，通用的 C0～C99（100 点）和掉电保持用的 C100～C199（100 点）。

16 位是指其设定值及当前值寄存器为二进制 16 位寄存器，其设定值在 K1～K32 767 范围内有效。设定值 K0 与 K1 意义相同，均在第一次计数时其触点动作。

如图 2.3 所示为 16 位增计数器的工作过程。图中计数输入 X011 是计数器的工作条件，X011 每次接通驱动计数器 C0 的线圈时，计数器的当前值加 1。"K10"为计数器的设定值，当第 10 次执行线圈指令时，计数器的当前值和设定值相等，触点动作。计数器 C0 的工作对象 Y000 接通，在 C0 的常开触点置 1 后，即使计数器输入 X011 再动作，计数器的当前状态也保持不变。

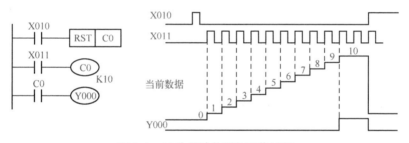

图 2.3　16 位增计数器的工作过程

由于计数器的工作条件 X011 本身就是断续工作的，当外电源正常时，其当前值寄存器具有记忆功能，因而即使是非掉电保持型的计数器也需要复位指令才能复位。图中 X010 为复位条件。当复位输入 X010 接通时，执行 RST 指令，计数器的当前值复位为 0，输出触点也复位。

计数器的设定值除了常数设定，也可通过数据寄存器间接设定。

使用计数器 C100～C199 时，即使停电，当前值和输出触点的置位/复位状态也能保持。

② 32 位增/减计数器（设定值：-2 147 483 648～+2 147 483 647）。有两种 32 位的增/减计数器，通用的 C200～C219（20 点）和掉电保持用的 C220～C234（15 点）。

32 位是指其设定值寄存器为 32 位，由于是双向计数，32 位的首位为符号位，故设定值的最大绝对值为 31 位二进制数所表示的十进制数，即-2 147 483 648～+2 147 483 647。设定值可直接用数据或间接用数据寄存器的内容，间接设定时，要用元件号紧连在一起的两个数据寄存器。

计数的方向（增计数器或减计数器）由特殊辅助继电器 M8200～M8234 设定。

对于 C×××，当 M8×××接通（置 1）时为减法计数，当 M8×××断开（置 0）时为加法计数。

如图 2.4 所示为 32 位增/减计数器的工作过程。图中 X014 作为计数输入驱动 C200 线圈进行加计数或减计数，X012 用于计数方向选择，计数器设定值为−5，当计数器的当前值由−6 增加为−5 时，其触点置 1，由−5 减小为−6 时，其触点置 0。

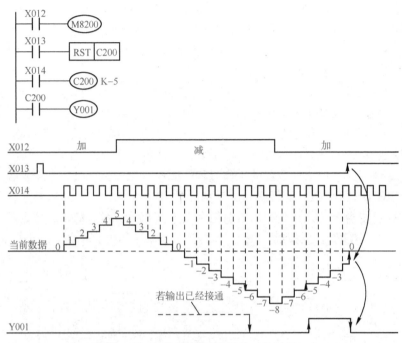

图 2.4 32 位增/减计数器的工作过程

32 位增/减计数器为循环计数器，当前值的增减虽与输出触点的动作无关，但从 +2 147 483 647 起再进行加计数，当前值就变成−2 147 483 648；从−2 147 483 648 起再进行减计数，则当前值变为+2 147 483 647。

当复位条件 X013 接通时，执行 RST 指令，计数器的当前值为 0，输出触点也复位；使用断电保持计数器，其当前值和输出触点状态皆能断电保持。

32 位计数器可被当作 32 位数据寄存器使用，但不能用作 16 位指令中的操作元件。

2.2 FX$_{2N}$ 系列 PLC 的基本指令及编程方法

FX$_{2N}$ 系列 PLC 有基本指令 20 条，步进指令 2 条，功能指令近百条。本节主要介绍其基本指令。

1. 逻辑取及线圈驱动指令 LD、LDI、OUT

LD 取指令：表示读入一个与母线相连的常开触点指令，即常开触点逻辑运算起始。

LDI 取反指令：表示读入一个与母线相连的常闭触点指令，即常闭触点逻辑运算起始。

OUT 线圈驱动指令，也叫输出指令。

如图 2.5 所示是上述三条基本指令的使用说明。

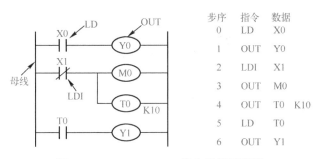

步序	指令	数据
0	LD	X0
1	OUT	Y0
2	LDI	X1
3	OUT	M0
4	OUT	T0　K10
5	LD	T0
6	OUT	Y1

图 2.5　LD、LDI、OUT 指令的使用说明

LD、LDI 两条指令的目标元件是 X、Y、M、S、T、C，用于将触点接到母线上，也可以与后述的 ANB、ORB 指令配合使用，在分支起点也可使用。

OUT 是驱动线圈的输出指令，它的目标元件是 Y、M、S、T、C，对输入继电器 X 不能使用。OUT 指令可以连续使用多次。

对定时器的定时线圈使用 OUT 指令后，必须设定常数 K，图中 K 为 10，对应的延时时间为 1s。对计数器的计数线圈，使用 OUT 指令后，也必须设定常数 K，K 表示计数器设定次数。

2. 触点串联指令 AND、ANI

AND 与指令：用于单个常开触点的串联。

ANI 与非指令：用于单个常闭触点的串联。

AND 与 ANI 都是一个程序步指令，它们对串联触点的个数没有限制，也就是说这两条指令可以多次重复使用。AND、ANI 指令的使用说明如图 2.6 所示。目标元件为 X、Y、M、S、T、C。

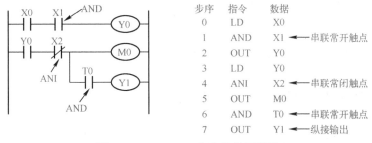

步序	指令	数据	
0	LD	X0	
1	AND	X1	◄—串联常开触点
2	OUT	Y0	
3	LD	Y0	◄—串联常开触点
4	ANI	X2	◄—串联常闭触点
5	OUT	M0	
6	AND	T0	◄—串联常开触点
7	OUT	Y1	◄—纵接输出

图 2.6　AND、ANI 指令的使用说明

3. 触点并联指令 OR、ORI

OR 或指令：用于单个常开触点的并联。

ORI 或非指令：用于单个常闭触点的并联。

OR 与 ORI 指令都是一个程序步指令，它们的目标元件是 X、Y、M、S、T、C。对这两条指令的使用做如下说明。

（1）OR 和 ORI 指令用于单个触点的并联连接。

（2）当需要对两个以上触点串联连接电路块进行并联连接时，要用后述的 ORB 指令。

OR、ORI 指令从当前步开始，对前面的 LD、LDI 指令并联连接，对并联的次数无限制。

OR、ORI 指令的使用说明如图2.7所示。

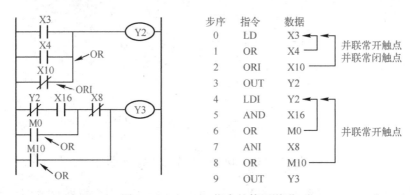

图 2.7　OR、ORI 指令的使用说明

4. 上升沿和下降沿的取指令 LDP、LDF

上升沿的取指令 LDP 用于在输入信号的上升沿接通一个扫描周期；下降沿的取指令 LDF 用于在输入信号的下降沿接通一个扫描周期。

LDP、LDF 指令的使用说明如图2.8所示。使用 LDP 指令时，Y1 在 X1 的上升沿时刻（由 OFF 到 ON 时）接通，接通时间为一个扫描周期；使用 LDF 指令时，Y2 在 X3 的下降沿时刻（由 ON 到 OFF 时）接通，接通时间为一个扫描周期。

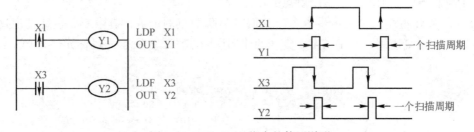

图 2.8　LDP、LDF 指令的使用说明

5. 上升沿和下降沿的与指令 ANDP、ANDF

ANDP 为在上升沿进行与逻辑操作的指令，ANDF 为在下降沿进行与逻辑操作的指令。

ANDF、ANDP 指令的使用说明如图2.9所示。使用 ANDP 指令编程时，输出继电器 Y1 在辅助继电器 M1 闭合后，且在 X1 的上升沿（由 OFF 到 ON 时）仅接通一个扫描周期；使用 ANDF 指令时，Y2 在 X2 闭合后，且在 X3 的下降沿（由 ON 到 OFF 时）仅接通一个扫描周期，即 ANDP、ANDF 与指令仅在上升沿和下降沿进行一个扫描周期的与逻辑运算。

6. 上升沿和下降沿的或指令 ORP、ORF

ORP 为上升沿的或逻辑操作指令，ORF 为下降沿的或逻辑操作指令。

ORP、ORF 指令的使用说明如图2.10所示。使用 ORP 指令时，辅助继电器 M0 仅在 X0、X1 的上升沿时刻接通一个扫描周期；使用 ORF 指令时，Y0 仅在 X4、X5 的下降沿时刻接通一个扫描周期。

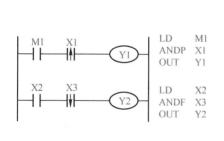

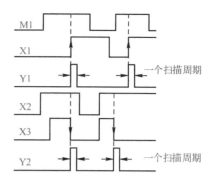

图 2.9　ANDF、ANDP 指令的使用说明

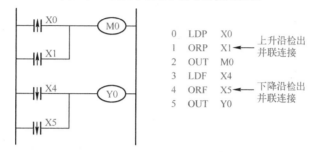

图 2.10　ORP、ORF 指令的使用说明

7. 串联电路块的并联连接指令 ORB

两个或两个以上触点串联连接的电路称为串联电路块。对串联电路块并联连接时，有如下说明。

（1）分支开始用 LD、LDI 指令，分支结束用 ORB 指令。

（2）ORB 指令为无目标元件指令，而且为一个程序步，ORB 指令有时也简称为或块指令。ORB 指令的使用说明如图 2.11 所示。

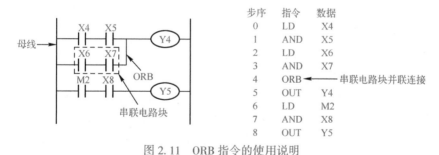

图 2.11　ORB 指令的使用说明

ORB 指令的使用方法有两种：一种是在并联的每个串联电路块后加 ORB 指令，如图 2.11 所示的语句表；另一种是集中使用 ORB 指令，两种指令的使用对比如图 2.12 所示。当采用前者分散使用 ORB 指令时，并联电路的个数没有限制，当采用后者集中使用 ORB 指令时，这种电路块并联的个数不能超过 8 个（即重复使用 LD、LDI 指令的次数限制在 8 次以下），所以不推荐用后者编程。

8. 并联电路块的串联连接指令 ANB

两个或两个以上触点并联连接的电路称为并联电路块，分支电路并联电路块与前面电路

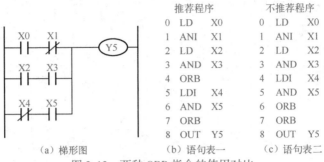

（a）梯形图　　　　　（b）语句表一　　　（c）语句表二

图 2.12　两种 ORB 指令的使用对比

串联连接时，使用 ANB 指令。在使用时应注意以下几点。

（1）分支的起点用 LD、LDI 指令，并联电路块结束后，使用 ANB 指令与前面电路串联。

（2）ANB 指令简称与块指令，ANB 也是无操作目标元件，是一个程序步指令。ANB 指令的使用说明如图 2.13 和图 2.14 所示。

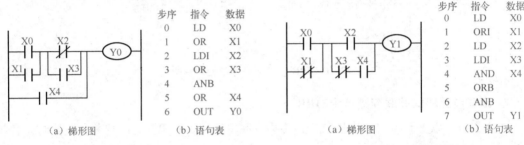

图 2.13　ANB 指令使用说明之一　　　　　图 2.14　ANB 指令使用说明之二

（3）当并联的串联电路块≥3 时，有两种编程方法，但最好采用如图 2.13 所示的编程方法。串联电路块逐块连接，对每个电路块使用 ANB 指令，ANB 使用次数无限制。采用如图 2.14 所示的编程方法时，ANB 指令虽然也可连续使用，但重复使用 LD、LDI 指令的次数限制在 8 次以下，这点请注意。

9. 多重输出指令 MPS、MRD、MPP

MPS 为进栈指令；MRD 为读栈指令；MPP 为出栈指令。

PLC 中有 11 个存储中间运算结果的存储器，称为栈存储器。MPS 进栈指令就是将运算中间的结果存入栈存储器，使用一次 MPS 指令，该时刻的运算结果就压入栈存储器第一级，再使用一次 MPS 指令，当前的运算结果压入栈存储器的第一级，先压入的数据向栈的下一级推移。

使用 MPP 出栈指令就是将存入栈存储器的各数据依次上移，最上级数据读出后从栈内消失。

MRD 读栈指令是存入栈存储器的最上级的最新数据的读出专用指令，栈内的数据不发生上移和下移。

这组指令都是没有数据（操作元件号）的指令，可将触点先存储，因此可用于多重输出电路。MPS、MRD、MPP 指令的使用说明如图 2.15 ～图 2.18 所示。图 2.15 所示给出了栈存储器与多重输出的指令；图 2.16 所示是一层栈电路，并且与 ANB、ORB 指令配合；

图 2.17 所示是二层栈电路；图 2.18 所示是四层栈电路。

MPS、MRD、MPP 指令在使用时应注意以下几点。

（1）MPS、MRD、MPP 指令用于多重输出电路。

（2）MPS 与 MPP 指令必须配对使用。

（3）MPS 与 MPP 连续使用必须少于 11 次。

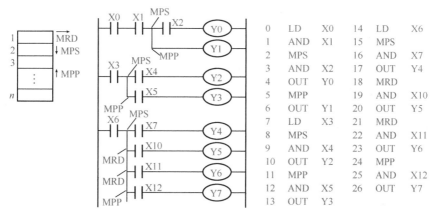

（a）栈存储器　　　　　（b）多重输出梯形图　　　　　（c）语句表

图 2.15　栈存储器与多重输出指令

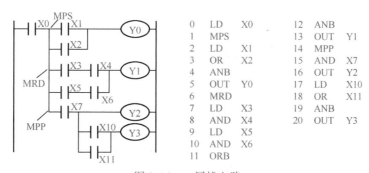

图 2.16　一层栈电路

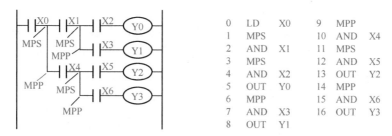

图 2.17　二层栈电路

10. 主控及主控复位指令 MC、MCR

MC 为主控指令，用于公共串联触点的连接；MCR 为主控复位指令，即 MC 的复位指令。在编程时，经常遇到多个线圈同时受一个或一组触点控制的情况，如果在每个线圈的控制电路中都串入同样的触点，将多占用存储单元，应用主控指令可以解决这一问题。主控指令的触点称为主控触点，它们在梯形图中与一般的触点垂直；它们是与母线相连的常开触

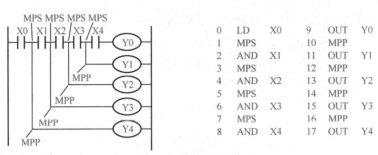

图 2.18　四层栈电路

点，是控制一组电路的总开关。MC、MCR 指令的使用说明如图 2.19 所示。MC、MCR 两条指令的操作目标元件是 Y、M，但不允许使用特殊辅助继电器。

MC、MCR 指令在使用时应注意以下几点。

（1）与主控触点相连接的触点用 LD、LDI 指令。

（2）编程时对于主母线中串接的触点不输入指令，如图 2.19 中的"N0 M100"，它仅是主控指令的标记。

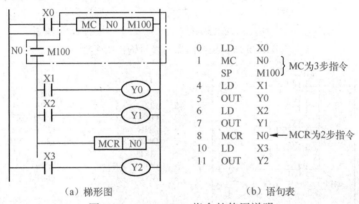

（a）梯形图　　　　　　　　　　（b）语句表

图 2.19　MC、MCR 指令的使用说明

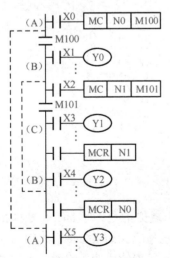

图 2.20　多重嵌套主控指令

当图 2.19 中的 X0 接通时，执行 MC 与 MCR 之间的指令；当输入条件断开时，不执行 MC 与 MCR 之间的指令，非积算定时器和用 OUT 指令驱动的元件复位，积算定时器、计数器、用 SET/RST 指令驱动的元件保持当前的状态。使用 MC 指令后，母线移到主控触点的后面，与主控触点相连的触点必须用 LD 或 LDI 指令。MCR 使母线回到原来的位置。在 MC 指令区内使用 MC 指令称为嵌套，嵌套级 N 的编号（0～7）顺次增大，返回时用 MCR 指令，从大的嵌套级开始解除，如图 2.20 所示。

11. 置位与复位指令 SET、RST

SET 为置位指令，其功能是使元件置位并保持，直至复位为止。RST 为复位指令，使元件复位并保持，直至置位为止。SET、RST 指令的使用说明如图 2.21 所示。

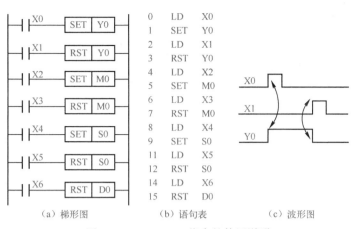

（a）梯形图　　（b）语句表　　（c）波形图

图 2.21　SET、RST 指令的使用说明

由图 2.21（c）的波形图可知，当 X0 接通时，即使再变成断开，Y0 也保持接通；X1 接通后，即使再变成断开，Y0 也将保持断开。SET 指令的操作目标元件为 Y、M、S，而 RST 指令的操作元件为 Y、M、S、D、V、Z、T、C，这两条指令是 1～3 程序步指令。用 RST 指令可以对定时器、计数器、数据寄存器、变址寄存器的内容清零。对同一编程元件，可多次使用 SET 和 RST 指令，还可用来复位积算定时器 T246～T255 和计数器。

RST 复位指令用于计算器、定时器的使用说明如图 2.22 所示。当 X0 接通时，T246 复位，定时器的当前值变为 0。输入 X1 接通期间，T246 接收 1ms 时钟脉冲并计数，计到 1234 时 Y0 就动作。32 位计数器 C200 根据 M8200 的开关状态进行递加或递减计数，它对 X4 触点的开关数计数。输出触点的置位或复位取决于计数方向及是否达到 D0 中所存的设定值。输入 X3 接通时，输出触点复位，计数器 C200 当前值清零。

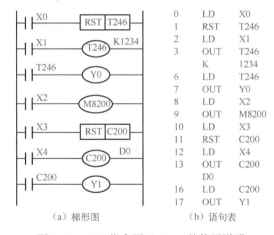

（a）梯形图　　　　　（b）语句表

图 2.22　RST 指令用于 T、C 的使用说明

12. 脉冲输出指令 PLS、PLF

PLS 指令在输入信号上升沿产生脉冲输出，而 PLF 指令在输入信号下降沿产生脉冲输出，这两条指令都是 2 个程序步指令，它们的目标元件是 Y 和 M，但特殊辅助继电器不能作为目标元件。

PLS、PLF 指令的使用说明如图 2.23 所示。使用 PLS 指令时，元件 Y、M 仅在驱动输入接通后的一个扫描周期内动作（置1），即 PLS 指令使 M0 产生一个扫描周期脉冲，而使用 PLF 指令时，元件 Y、M 仅在驱动输入断开后的一个扫描周期内动作，即 PLF 指令使元件 M1 产生一个扫描周期脉冲。

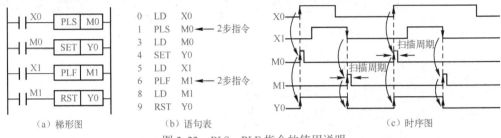

图 2.23　PLS、PLF 指令的使用说明

13. 逻辑取反指令 INV

INV 指令用于将运算结果取反。当执行该指令时，将 INV 指令之前的运算结果（如 LD、LDI 等）变为相反的状态，如由原来的 OFF 到 ON 变为由 ON 到 OFF 的状态。INV 指令的使用说明如图 2.24 所示，图中用 INV 指令实现将 X0 的状态取反后驱动 Y0，在 X0 为 OFF 时 Y0 得电，在 X0 为 ON 时 Y0 失电。

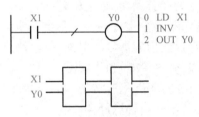

图 2.24　INV 指令的使用说明

INV 指令在使用中应注意以下几点。

（1）该指令是一个无操作数指令。

（2）该指令不能直接和主母线连接，也不能像 OR、ORI 等指令一样单独使用。

14. 空操作指令 NOP

NOP 指令是一条无动作、无目标的一程序步指令。PLC 的编程器一般都有指令的插入和删除功能，在程序中一般很少使用 NOP 指令，执行完清除用户存储器的操作后，用户存储器的内容全部变为空操作指令。

15. 程序结束指令 END

END 是一条无目标元件的一程序步指令。PLC 反复进行输入处理、程序运算、输出处理，若在程序最后写入 END 指令，则 END 以后的程序不再执行，直接进行输出处理。在程序调试过程中，按段插入 END 指令，可以对各程序段的动作进行检查。采用 END 指令将程序划分为若干段，在确定处于前面电路块的动作正确无误之后，依次删去 END 指令。需要注意的是，在执行 END 指令时，监视时钟也被刷新。

2.3　FX$_{2N}$ 系列 PLC 编程的基本原则

梯形图按照从上到下、从左到右的顺序设计，它以一个线圈的结束为一个逻辑行，也称一个梯级。每一个逻辑行的起点是左母线（主母线），接着是触点的连接，最后以线圈结束于右母线，在画图时允许省略右母线。梯形图的设计规则如下所述。

（1）触点和线圈的常规位置。梯形图的左母线与线圈间一定要有触点，而线圈与右母线间不能有任何触点，常规下触点只能在水平线上，不能画在垂直分支上，如图 2.25 所示。

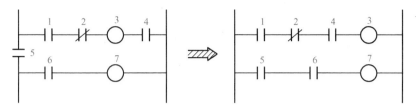

图 2.25　梯形图的设计规则说明之一

（2）程序简化方法。在并联连接支路时，应将有多个触点的并联支路放在上方，如图 2.26所示。

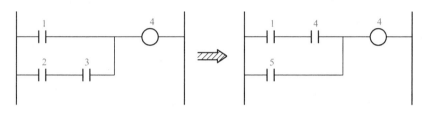

图 2.26　梯形图的设计规则说明之二

（3）避免使用双线圈。在一个程序中尽量避免使用双线圈。同一编号的线圈如果使用两次称为双线圈，双线圈输出容易引起误操作，所以应尽量避免线圈重复使用。

（4）桥式电路的编程。桥式电路不能直接编程，必须画出相应的等效梯形图，如图 2.27所示。

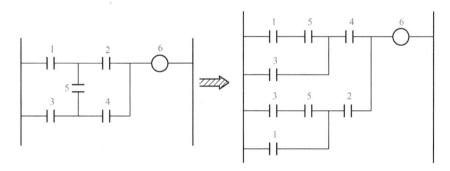

图 2.27　桥式电路的处理

（5）复杂电路的处理。如果电路结构复杂，用 ANB、ORB 等难以处理，可以重复使用一些触点改画等效电路，再进行编程，如图 2.28 所示。

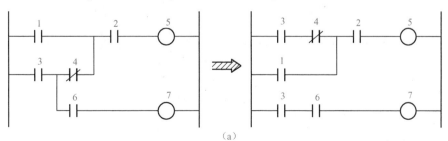

（a）

图 2.28　复杂电路的处理

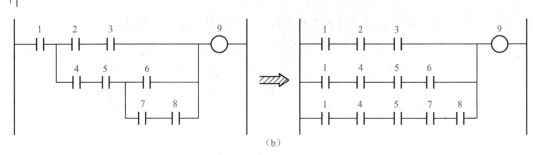

图 2.28　复杂电路的处理（续）

2.4　FX$_{2N}$ 系列 PLC 的基本指令实训

实训 1　用 PLC 控制三相异步电动机Y—△启动

1. 实训目的

（1）掌握梯形图和语句表的编程规则。

（2）应用 PLC 技术实现对三相异步电动机Y—△启动控制。

（3）训练编程的思想和方法。

2. 控制要求

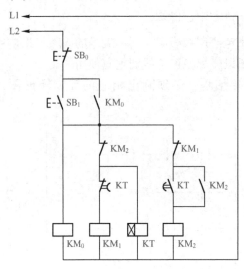

图 2.29　三相异步电动机Y—△启动控制电路

如图 2.29 所示为三相异步电动机Y—△启动控制电路。按下启动按钮 SB$_1$，KM$_0$、KM$_1$ 接触器接通，电动机接成Y形连接启动，此时 KT 时间继电器接通，当延时 5s 后，KT 常闭触点断开，KT 常开触点闭合，KM$_1$ 接触器失电，KM$_2$ 接触器接通，电动机接成△形连接投入运行。当按下停止按钮 SB$_0$ 时，KM$_0$、KM$_2$ 接触器失电，电动机停止运行。

3. 实训内容和步骤

（1）输入/输出端口配置。

输　　　　入		输　　　　出	
设　　备	端口编号	设　　备	端口编号
停止按钮 SB$_0$	X0	接触器 KM$_0$	Y0
启动按钮 SB$_1$	X1	接触器 KM$_1$	Y1
		接触器 KM$_2$	Y2

（2）用 FX$_{2N}$ 系列 PLC 将三相异步电动机Y—△启动控制电路图改成 PLC 梯形图。

（3）用 FX$_{2N}$ 系列 PLC 按工艺流程写出语句表（必须有栈存指令及块指令）。

（4）用模拟设置控制三相异步电动机Y—△启动控制电路运行过程。

（5）用基本指令编制程序，进行程序输入并完成系统调试。

（6）参考梯形图和语句表如图 2.30 所示。

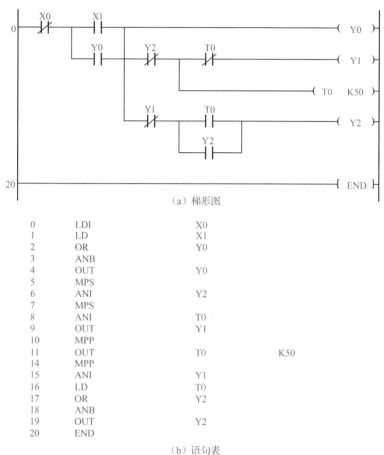

（a）梯形图

0	LDI	X0	
1	LD	X1	
2	OR	Y0	
3	ANB		
4	OUT	Y0	
5	MPS		
6	ANI	Y2	
7	MPS		
8	ANI	T0	
9	OUT	Y1	
10	MPP		
11	OUT	T0	K50
14	MPP		
15	ANI	Y1	
16	LD	T0	
17	OR	Y2	
18	ANB		
19	OUT	Y2	
20	END		

（b）语句表

图 2.30　用 PLC 控制三相异步电动机 Y—△ 启动参考梯形图及语句表

实训 2　三台电动机的循环启停运转控制设计

1. 实训目的

（1）掌握用经验法编写 PLC 控制程序的方法。

（2）掌握用计数器作为定时控制的技巧。

（3）学会程序的输入和调试。

2. 控制要求

三台电动机接于 Y1、Y2、Y3。要求它们相隔 5s 启动，各运行 10s 停止，并循环进行。控制时序关系如图 2.31 所示。

3. 实训内容和步骤

（1）输入/输出端口配置。

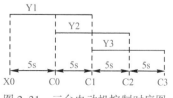

图 2.31　三台电动机控制时序图

输　　入		输　　出	
设　　备	端口编号	设　　备	端口编号
启动按钮	X0	电动机 1	Y1
		电动机 2	Y2
		电动机 3	Y3

（2）画出 I/O 接线图。

（3）用 FX$_{2N}$ 系列 PLC 按工艺要求画出梯形图，写出语句表。

（4）输入程序并进行调试。

（5）工作原理。由时序图可知，三台电动机 Y1、Y2、Y3 的控制逻辑和时间间隔 5s 依赖电动机的启停实现，因此可以利用计数器来设计程序，具体做法是：设计 X0 为电动机运行开始的时刻，定时器 T0 设置为 5s 振荡器，用计数器 C0、C1、C2、C3 作为一个循环过程中的时间点，循环功能借助 C3 对全部计数器实现复位。梯形图中 Y1、Y2、Y3 支路都是典型的启动、自保、停止电路，其中，启动和停止条件均由"时间点"组成。

（6）参考梯形图如图 2.32 所示。

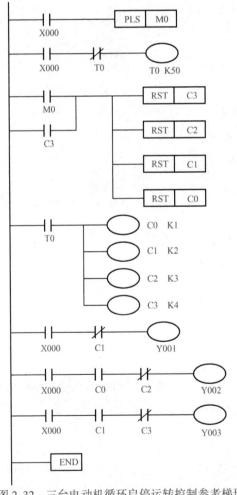

图 2.32　三台电动机循环启停运转控制参考梯形图

实训 3　十字路口交通灯控制

1. 实训目的

（1）熟练使用基本指令。

（2）根据控制要求，掌握 PLC 的编程方法和程序调试方法。

（3）能够使用 PLC 解决实际问题。

2. 控制要求

信号灯受一个启动开关控制，当启动开关接通时，信号灯系统开始工作，先南北红灯亮，再东西绿灯亮；当启动开关断开时，所有信号灯都熄灭。南北红灯亮维持 25s，在南北红灯亮的同时东西绿灯也亮，并维持 20s；到 20s 时，东西绿灯闪亮，闪亮 3s 后熄灭；在东西绿灯熄灭时，东西黄灯亮，并维持 2s；到 2s 时，东西黄灯熄灭，东西红灯亮，同时南北红灯熄灭，绿灯亮，东西红灯亮维持 30s，南北绿灯亮维持 20s；然后闪亮 3s 后熄灭；同时南北黄灯亮，维持 2s 后熄灭；这时南北红灯亮，东西绿灯亮；周而复始，如图 2.33 所示。

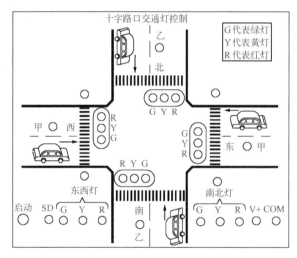

图 2.33　十字路口交通灯控制示意图

3. 实训内容和步骤

（1）输入/输出端口配置。

输　　入		输　　出	
设　　备	端口编号	设　　备	端口编号
启动开关 SD	X0	南北 R	Y2
		南北 Y	Y1
		南北 G	Y0
		东西 R	Y5
		东西 Y	Y4
		东西 G	Y3

（2）画出 I/O 接线图。

（3）用 FX₂ₙ系列 PLC 按工艺要求画出梯形图，写出语句表。

（4）输入程序并进行调试。

（5）参考梯形图如图 2.34 所示。

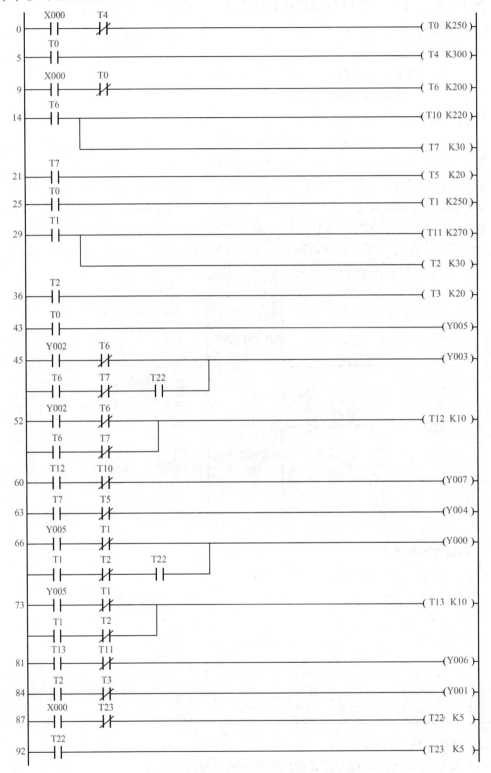

图 2.34 十字路口交通灯控制参考梯形图

实训 4　用 PLC 实现三相交流异步电动机的正反转

1. 实训目的

（1）了解用 PLC 控制代替传统接线控制的方法。

（2）编程实现电动机的正反转控制。

2. 控制要求

当按下正转按钮 SB$_1$ 时，接触器 KM$_1$ 接通，电动机开始正转运行，在电动机正转运行的前 10s 内，不允许电动机反转，即按下反转按钮 SB$_2$ 不改变运行方向，仍然正转。

当按下反转按钮 SB$_2$ 时，接触器 KM$_2$ 接通，电动机反转，在电动机反转运行的前 10s 内，不允许电动机正转，即按下正转按钮 SB$_1$ 不改变运行方向，仍然反转。

当按下停止按钮 SB$_3$ 时，电动机停止运行。

电动机正反转控制的电气原理图如图 2.35 所示。

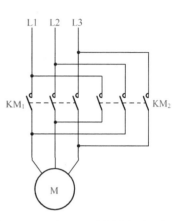

图 2.35　电动机正反转控制电气原理图

3. 实训内容和步骤

（1）输入/输出端口配置。

输　　入		输　　出	
设　　备	端口编号	设　　备	端口编号
正转按钮 SB$_1$	X0	正转接触器 KM$_1$	Y0
反转按钮 SB$_2$	X1	反转接触器 KM$_2$	Y1
停止按钮 SB$_3$	X2		

（2）画出 I/O 接线图。

（3）用 FX$_{2N}$ 系列 PLC 按工艺要求画出梯形图，写出语句表。

（4）输入程序并进行调试。

（5）参考梯形图如图 2.36 所示。

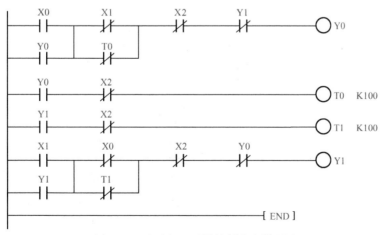

图 2.36　电动机正反转控制参考梯形图

思考与练习

2.1 简述输入继电器、输出继电器、定时器及计数器的用途。

2.2 画出与下列语句表对应的梯形图。

LD	X0	OR	M0	OR	M3	OUT	Y2	END
OR	X1	LD	X3	ANB		ANI	X3	
ANI	X2	AND	X4	OR1	M1	OUT	Y4	

LD	X0	ORB		AND	X7	AND	M1
AND	X1	LD	X4	ORB		ORB	
LD	X2	AND	X5	ANB		AND	M2
ANI	X3	LD	X6	LD	M0	OUT	Y2

2.3 由下列指令语句画出对应的梯形图。

(1)
00	LD	M2	05	AND	X4	10	ORI	X5
01	AND	X1	06	OUT	Y1	11	ANB	
02	LD	X2	07	LD	M1	12	OUT	Y2
03	ANI	X3	08	ORI	M2			
04	ORB		09	LD	X4			

(2)
00	LD	X0	04	LD	X4	08	OR	M0
01	OR	X1	05	AND	X5	09	AND	X7
02	LD	X2	06	ORB		10	OUT	Y2
03	ANI	X3	07	ANB				

2.4 试写出图 2.37 所示梯形图在 3 个周期内的 I/O 状态表。假定在第 1 个周期所有的输入信号均为 ON；在第 2 个周期 X1＝ON，X2＝OFF；在第 3 个周期 X1＝OFF，X2＝ON。

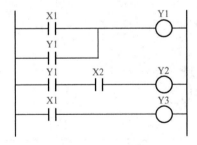

图 2.37 题 2.4 图

2.5 写出与图 2.38 所示梯形图对应的语句表。

2.6 写出与图 2.39 所示梯形图对应的语句表。

2.7 写出与图 2.40 所示梯形图对应的语句表。

2.8 写出与图 2.41 所示梯形图对应的语句表。

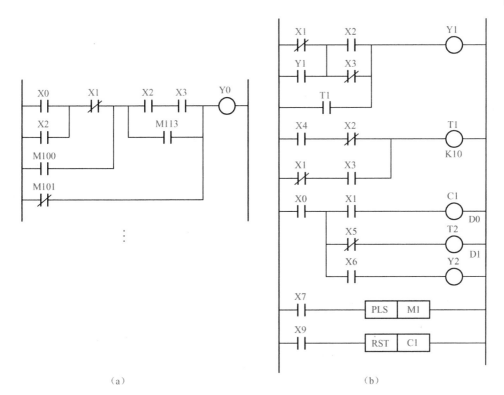

（a）　　　　　　　　　（b）

图 2.38　题 2.5 图

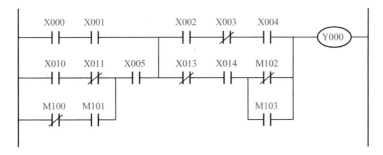

图 2.39　题 2.6 图

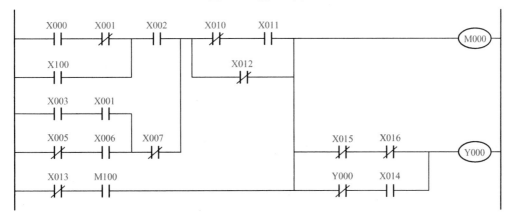

图 2.40　题 2.7 图

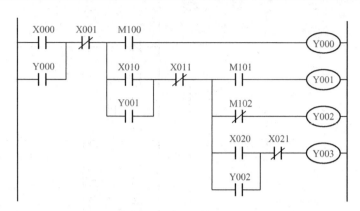

图 2.41　题 2.8 图

2.9　画出图 2.42 所示梯形图中 M206 的波形图。

2.10　画出图 2.43 所示梯形图中 Y0 的波形图。

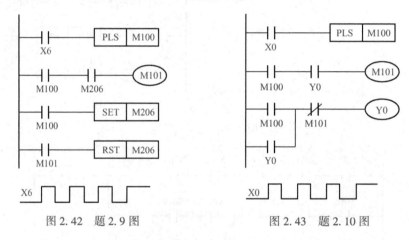

图 2.42　题 2.9 图　　　　　　　　图 2.43　题 2.10 图

2.11　用主控指令画出图 2.44 所示梯形图的等效电路，并写出语句表。

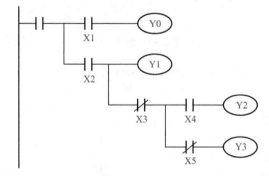

图 2.44　题 2.11 图

第3章　常用基本单元电路的编程

ꓹꓹꓹ

本章要点

1. 掌握常用基本单元电路的编程方法。
2. 掌握梯形图的经验设计法。

3.1　PLC 的应用开发过程

PLC 程序设计常采用的方法有经验设计法和顺序功能图法。本章主要介绍经验设计法。

PLC 的应用开发是将 PLC 应用于具体工业控制场合的过程。根据工业现场所要实现的工艺过程和控制要求，对 PLC 进行编程、设备连接和调试，最终达到目标要求。不经过应用开发，PLC 在任何场合都不能直接使用。

PLC 的应用开发过程大致可以分为以下几个步骤。

（1）对控制对象的生产工艺过程进行调查。

PLC 应用开发之前要充分了解应用目的和任务。例如，要控制一台设备，需要了解设备的生产工艺和操作动作过程，连接了哪些操作装置（如按钮、主令开关或人机界面），配有哪些检测单元、执行机构（如电动机的接触器或液压系统的电磁阀），并要弄清这些装置间的操动配合及制约关系。在完成以上工作的基础上清点接入 PLC 的信号数量及选择合适的机型。

（2）PLC 的资源分配及接线设计。

控制对象的开关量主令信号、采集的各类传感器的模拟信号、现场的反馈信号及输出控制的模拟信号、开关量等执行信号，都要从 PLC 的 I/O 接口和模拟量接口输入、输出，因此，要为每一个信号分配连接 PLC 的 I/O 地址，即要分配机内存储单元输入继电器及输出继电器，如某个按钮接某个输入口、某个接触器的线圈接某个输出口等。同时，要考虑 PLC 及外围接入设备的电源。

这一步完成之后需初步考虑编程的方法及程序中还需要使用哪些机内元件，如定时器、计数器及辅助继电器等，这些机内元件也要分配具体的元件编号。

（3）程序编制。

PLC 控制系统的功能是通过程序实现的。程序描述了控制系统中各种事物间的联系及制约关系。在将主令信号、反馈信号接入 PLC，并用机内编程元件代表它们时，程序就变成了对机内各种元件间关系的描述。

编程时，要选择编程方法、程序结构及编程语言，将程序构思变成具体的程序。

（4）程序的调试及修改完善。

初步编制完成的程序需下载到 PLC 中进行实际运行，只有与控制设备联机调试修改后，才能达到较好的控制效果。

3.2　常用基本环节的编程

采用常用基本单元电路来完成 PLC 梯形图设计的方法称为经验设计法。经验设计法实际上是延续了传统的继电器电气原理图的设计方法，即在一些典型控制单元电路的基础上，根据受控对象对控制系统的具体要求，采用许多辅助继电器来完成记忆、联锁、互锁等功能。用这种设计方法设计的程序，要经过反复的修改和完善才能符合要求。此种设计方法没有规律可以遵循，具有很大的试探性和随意性，程序的调试时间较长，编出的程序因人而异，且不规范，会给使用和维护带来不便，尤其将给控制系统的改进带来很多的困难。经验设计法一般仅适用于简单的梯形图设计，且要求设计者具有丰富的设计经验，要熟悉许多基本的控制单元和控制系统的实例。

采用经验设计法设计控制程序的步骤如下所述。

（1）了解受控设备及工艺过程，分析控制系统的要求，选择控制方案。

（2）根据受控系统的工艺要求，确定主令元件、检测元件及辅助继电器等。

（3）利用输入信号设计启动、停止和自保功能。

（4）使用辅助元件、定时器和计数器。

（5）使用功能指令。

（6）加入互锁条件和保护条件。

（7）检查、修改和完善程序。

本节介绍一些基本环节的编程，这些环节常作为梯形图的基本单元出现在程序中。

1. 启—保—停电路单元的编程方法

具有启动、自保、停止功能的电路，是 PLC 控制电路最基本的环节，它常用于对内部辅助继电器和输出继电器进行控制的场合。此电路有启动优先、停止优先两种不同的构成形式，如图 3.1 所示。

（1）启动优先式控制。在图 3.1（a）中，当启动信号 X0 为 ON 时，无论关断信号 X1 的状态如何，M0 总被启动，并通过 X1 的常闭触点实现自保；当启动信号 X0 为 OFF 时，将停止信号 X1 的常闭触点断开，M0 断电。因为当启动信号 X0 与停止信号 X1 同时作用时，启动信号有效，所以称此电路为启动优先式。此电路常用于报警设备、安全防护及救援设备中。它需要准确可靠的启动控制，无论停止按钮是否处于闭合状态，只要按下启动按钮，便可以启动设备。

（2）停止优先式控制。在图 3.1（b）中，当启动信号 X0 为 ON 时，M0 得电，通过停

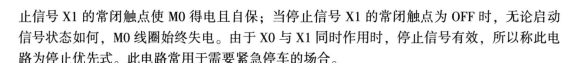

止信号 X1 的常闭触点使 M0 得电且自保；当停止信号 X1 的常闭触点为 OFF 时，无论启动信号状态如何，M0 线圈始终失电。由于 X0 与 X1 同时作用时，停止信号有效，所以称此电路为停止优先式。此电路常用于需要紧急停车的场合。

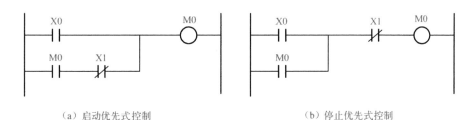

（a）启动优先式控制　　　　　　　　　　　　（b）停止优先式控制

图 3.1　启—保—停控制电路梯形图

2. 互锁和联锁电路单元的编程方法

（1）互锁控制。在一些机械设备的控制中，经常存在某种互为制约的关系，在 PLC 控制电路中一般用反映某一运动的信号去控制另一运动，达到互锁控制的要求。如图 3.2 所示为互锁控制梯形图，为了使 Y1 和 Y2 不能同时得电，将 Y1 和 Y2 的常闭触点分别串接在对方的控制电路中，实现互锁功能。

当 Y1、Y2 中有任何一个启动时，另一个必须为断电状态，保证任何时候两者都不能同时启动，达到互锁的控制要求。这种互锁控制方式经常用于控制电动机的正转与反转、机床刀架的进给与快速移动、横梁升降与工作台走动、机床卡具的卡紧与放松等不能同时发生运动的控制。

（2）联锁控制。如图 3.3 所示为联锁控制梯形图，线圈 Y0 的常开触点串接于线圈 Y1 的控制电路中，线圈 Y1 的得电以 Y0 的接通为条件，只有 Y0 接通时才允许 Y1 接通，Y0 关闭后 Y1 也被关闭。只有在 Y0 接通的条件下，Y1 才可以自行启动和停止。

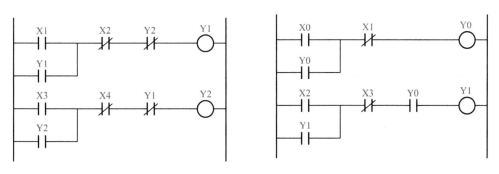

图 3.2　互锁控制梯形图　　　　　　　　图 3.3　联锁控制梯形图

3. 基本延时电路单元的编程方法

（1）延时接通电路。如图 3.4 所示是延时接通电路的梯形图和指令表。当 X0 接通时，经 2s 延时接通 Y0，对应的指示灯亮；再经 2s 延时接通 Y1，再经 20s 延时接通 Y2，对应的指示灯亮，再经过 2s 延时后 Y3 有输出。当 X1 有输入时，所有输出立即复位。

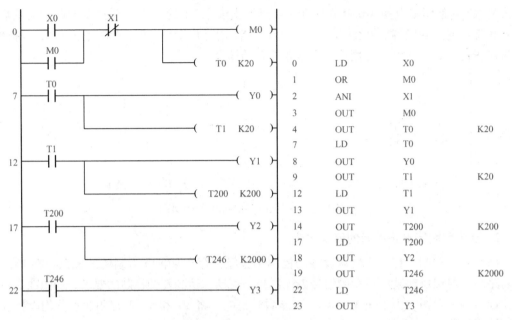

图 3.4　延时接通电路的梯形图和指令表

（2）延时断开电路。如图 3.5 所示为用定时器构成的延时断开电路的梯形图和波形图。当输入继电器 X2 为 ON 时，输出继电器 Y3 得电，并由自身的触点自保，同时由于 X2 的常闭触点断开，T50 线圈不能得电；当输入继电器 X2 为 OFF（常开触点断开）时，X2 的常闭触点闭合，T50 线圈得电，开始定时，经过 15s 使设定值减为零，T50 的常闭触点断开，Y3 失电，实现了 Y3 在 X2 为 OFF 后延时 15s 断开。

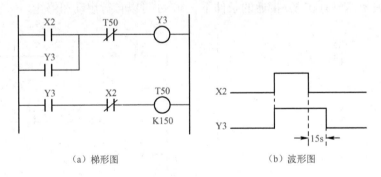

（a）梯形图　　　　　　　　　　　　　（b）波形图

图 3.5　延时断开电路的梯形图和波形图

（3）定时器的扩展电路。若将几个定时器串联使用或者将定时器和计数器串联使用，可以实现扩充设定值的目的。如图 3.6 所示为定时器扩展电路的梯形图和语句表，通过两个定时器的串联，可以实现 1300s 的延时，当 X0 为 ON 时，T0 开始计时，当到达 800s 时，T0 所带的常开触点闭合，使 T1 得电开始计时，再延时 500s 后，T1 的常开触点闭合，Y0 线圈得电，获得 1300s 的输出信号。

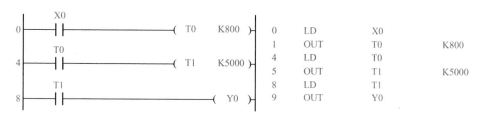

图 3.6　定时器扩展电路的梯形图和语句表

4. 脉冲发生器电路（振荡电路）的编程方法

如图 3.7（a）所示，该脉冲发生器电路可以产生 50s 的脉冲信号。当 X0 闭合后，T50 线圈得电，经过 30s 后，其常开触点闭合，T51 线圈得电开始延时，经过 20s 后 T51 触点动作，其常闭触点使 T50 线圈失电，T50 常开触点又使 T51 断开，一个周期结束。在一个周期中，T50 的触点闭合 20s，断开 30s；而 T51 的触点只闭合一个扫描周期的时间。T50 和 T51 的波形图如图 3.7（b）所示。只要 X0 接通，该脉冲发生器电路就一直循环工作，直到 X0 断开，该脉冲发生器电路才停止工作。对应的指令表如图 3.7（c）所示。

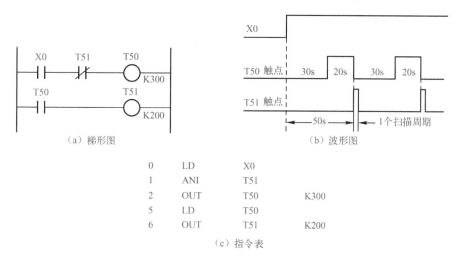

图 3.7　脉冲发生器电路的梯形图、波形图及指令表

5. 定时器和计数器的组合使用

如图 3.8 所示为定时器和计数器组合使用电路的梯形图和波形图，该电路可以获得 30 000s 的延时。图中，T0 的设定值为 100s，当 X0 闭合时，T0 线圈得电开始计时，当延时 100s 后，T0 的常闭触点断开，使 T0 自身复位，当 T0 线圈再次得电后又可以开始计时。在电路中，T0 的常开触点每隔 100s 闭合一次，计数器计一次数，当计到 300 次时，C0 的常开触点闭合，Y1 线圈得电闭合，从而实现 Y1 线圈从 X0 为 ON 时刻起，延时 300×100s 才有输出。X4 用于给计数器复位。

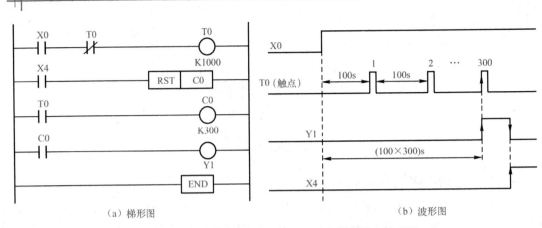

（a）梯形图　　　　　　　　　　　　　　　　（b）波形图

图 3.8　定时器和计数器组合使用电路的梯形图和波形图

3.3　常用基本单元电路的编程举例

例 3.1　电动机正反转控制。

如图 3.9 所示为具有互锁功能的电动机正反转控制梯形图和 I/O 接线图。

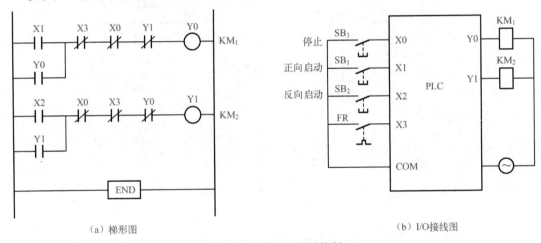

（a）梯形图　　　　　　　　　　　　　　　　（b）I/O 接线图

图 3.9　电动机正反转控制

PLC 的控制过程为：当电源开关闭合后，按下正向启动按钮 SB$_1$，输入继电器 X1 为 ON 时，输出继电器 Y0 的线圈得电并自保，接触器 KM$_1$ 得电吸合，电动机正转，与此同时，Y0 的常闭触点断开 Y1 线圈，KM$_2$ 不能吸合，实现了电气互锁；当按下反向启动按钮 SB$_2$，X2 为 ON 时，Y1 线圈得电，KM$_2$ 得电吸合，电动机反转，与此同时，Y1 的常闭触点断开，使 Y0 线圈失电，KM$_1$ 不能吸合，实现了电气互锁；停机时按下停止按钮 SB$_3$，X0 的常闭触点断开，过载时热继电器触点闭合，即 X3 的常闭触点断开，这两种情况都使线圈 Y0、Y1 失电，从而使 KM$_1$、KM$_2$ 断电释放，电动机停止运行。此电路具有启动、自保、停止及电气互锁功能。

例 3.2　两台电动机顺序启动控制。

如图 3.10 所示为两台电动机顺序启动联锁控制的梯形图和 I/O 接线图。图中，由接触器 KM$_1$、KM$_2$ 分别控制电动机 1 和电动机 2。

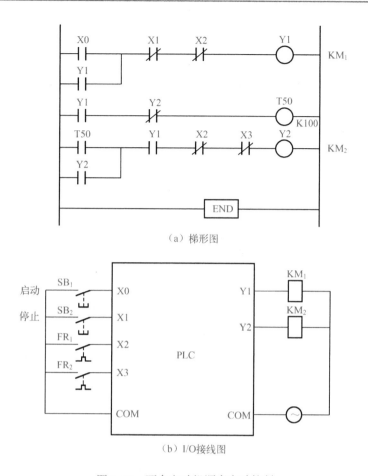

（a）梯形图

（b）I/O接线图

图 3.10　两台电动机顺序启动控制

PLC 的控制过程为：当按下启动按钮 SB₁，输入继电器 X0 为 ON 时，输出继电器 Y1 的线圈得电并自保，接触器 KM₁ 得电并启动电动机 1，同时 Y1 的常开触点闭合，定时器 T50 开始计时，10s 延时时间到，T50 的常开触点闭合，Y2 线圈接通并自保，KM₂ 得电吸合并启动电动机 2，实现顺序启动两台电动机，而且只有 Y1 先启动，Y2 才能启动；当按下停止按钮 SB₂ 时，X1 常闭触点断开，Y1 失电，Y1 的常开触点断开使 Y2 也失电，两台电动机立即停止运行。当 Y1 过载时，X2 常闭触点（热继电器 FR₁）断开，两台电动机均停止；如果出现 Y2 过载的情况，则 X3 常闭触点动作，KM₂ 失电，电动机 2 停止转动，但电动机 1 仍然继续运行。

例 3.3　某锅炉鼓风机和引风机的启动、停止控制。

要求启动时，鼓风机比引风机晚 12s 启动，停止时，引风机比鼓风机晚 15s 停机，采用经验设计法设计的梯形图和波形图如图 3.11 所示。

引风机和鼓风机的启动、停止控制过程为：当启动按钮闭合（X10＝ON）时，Y1 得电，引风机工作且同时驱动定时器 T1，当 12s 延时时间到时，Y2 得电，鼓风机工作；当停止按钮闭合（X11＝ON）时，M1 的常闭触点使 Y2 立即失电，鼓风机停止工作，同时驱动定时器 T2，当 15s 延时时间到时，引风机停止工作。

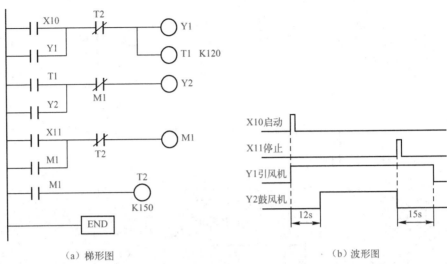

（a）梯形图　　　　　　　　　　　　　　（b）波形图

图 3.11　锅炉鼓风机和引风机的控制

例 3.4　具有自保功能的报警系统。

如图 3.12 所示为某一具有自保功能的报警系统梯形图。该控制程序可以实现声光报警功能，并具有手动检查报警指示灯是否正常、蜂鸣器消音和改变报警指示灯状态的功能。M8013 为内部特殊继电器（1s 时钟）。

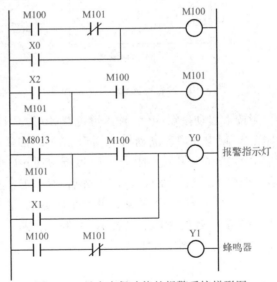

图 3.12　具有自保功能的报警系统梯形图

I/O 地址分配如表 3.1 所示。

表 3.1　I/O 地址分配

输入信号		输出信号	
报警输入信号	X0	报警指示灯驱动	Y0
报警指示灯检查输入	X1	蜂鸣器驱动	Y1
蜂鸣器复位输入	X2		

报警控制原理为：在没有报警信号输入时，手动操作使 X1 为 ON，通过 Y0 可以点亮报警指示灯，所以 X1 为报警指示灯的检查开关；当有报警信号时，X0 为 ON，则 M100 得电，在第三个梯级中，1s 脉冲时钟信号通过输出端 Y0 驱动报警指示灯点亮（按 1s 频率闪烁），同时 Y1 端蜂鸣器发声，实现声光报警功能；当蜂鸣器复位按钮 X2 为 ON 时，M101 得电，M101 的常开触点闭合，报警指示灯由闪烁变为常亮状态，M101 的常闭触点断开，Y1 端的蜂鸣器消音；当报警信号解除（X0 为 OFF），且蜂鸣器复位按钮 X2 为 OFF 时，电路恢复到初始状态。

例 3.5　用 PLC 控制钻孔动力头。

如图 3.13 所示是用 PLC 控制某一冷加工自动生产线钻孔动力头的示意图，该钻孔动力头的加工过程如下。

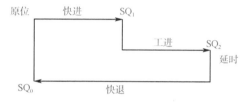

图 3.13　用 PLC 控制某一冷加工自动生产线钻孔动力头的示意图

（1）动力头在原位，当加以启动信号时，电磁阀 YV_1 接通，动力头快进。

（2）动力头碰到限位开关 SQ_1 后，接通电磁阀 YV_1 和 YV_2，动力头由快进转为工进，同时动力头电动机转动（由 KM_1 控制）。

（3）当动力头碰到限位开关 SQ_2 后，电磁阀 YV_1 和 YV_2 失电，并开始延时 10s。

（4）延时时间到，接通电磁阀 YV_3，动力头快退。

（5）当动力头回到原位时，电磁阀 YV_3 失电，动力头电动机停止转动。

如图 3.14 所示为用 PLC 控制钻孔动力头的梯形图及语句表。

该 PLC 控制程序可以用经验设计法进行设计，涉及 3 种基本电路类型：启—保—停电路、互锁电路和延时电路，其中启—保—停电路有 4 个。

（1）快进电磁阀（YV_1）Y0。它的启动信号是启动按钮 X0 和动力头原位信号 X1，它的停止信号是限位开关（SQ_2）X3，因此可以画出 Y0 的启—保—停电路梯形图，如梯形图第一行所示。

（2）工进电磁阀（YV_2）Y1。它的启动信号是限位开关（SQ_1）X2，停止信号是限位开关（SQ_2）X3，因此可以画出 Y1 的启—保—停电路梯形图，如梯形图第二行所示。

（3）动力头电动控制（KM_1）Y3。它的启动信号是限位开关（SQ_1）X2，停止信号是限位开关（SQ_0）X1，它要经过工进、延时、快退、最后回到原点 X1 处，因此可以画出 Y3 的启—保—停电路梯形图，如梯形图第三行所示。

（4）快退控制（YV_3）Y2。它的启动信号是工进结束后延时 10s，停止条件是回到原点 X1 处，因此可以画出 Y2 的启—保—停电路梯形图，如梯形图第五行所示。

互锁关系有两处：Y2 的常闭作为快进 Y0 和工进 Y1 的互锁，而 Y0 和 Y1 常闭也是 Y2 的互锁。

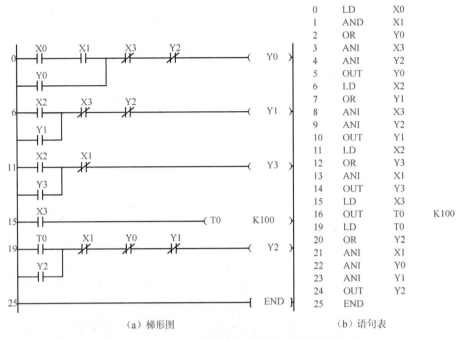

0	LD	X0	
1	AND	X1	
2	OR	Y0	
3	ANI	X3	
4	ANI	Y2	
5	OUT	Y0	
6	LD	X2	
7	OR	Y1	
8	ANI	X3	
9	ANI	Y2	
10	OUT	Y1	
11	LD	X2	
12	OR	Y3	
13	ANI	X1	
14	OUT	Y3	
15	LD	X3	
16	OUT	T0	K100
19	LD	T0	
20	OR	Y2	
21	ANI	X1	
22	ANI	Y0	
23	ANI	Y1	
24	OUT	Y2	
25	END		

（a）梯形图　　　　　　　　　（b）语句表

图 3.14　用 PLC 控制钻孔动力头的梯形图及语句表

现将"经验设计法"设计步骤总结如下。

（1）在准确了解控制要求后，合理地为控制系统中的事件分配输入/输出口。选择必要的机内器件，如定时器、计数器和辅助继电器等。

（2）对于一些控制要求较简单的输出，可以直接写出它们的工作条件，依据启—保—停电路模式完成相关的梯形图支路设计。工作条件稍复杂的可借助辅助继电器。

（3）对于较复杂的控制要求，为了能用启—保—停电路模式画出各输出口的梯形图，要正确分析控制要求，并确定组成总的控制要求的关键点。在以逻辑为主的控制中，其关键点为影响控制状态的点；在以时间为主的控制中，其关键点为控制状态转换的时间。

（4）将关键点用梯形图表达出来。关键点总是要用机内器件来表示的，在安排机内器件时需要考虑并安排好。绘制关键点的梯形图时，可以使用常见的基本环节，如定时器计时环节、脉冲发生器环节等。

（5）在完成关键点梯形图的基础上，针对系统最终的输出进行梯形图的设计，使用关键点综合出最终输出的控制要求。

（6）审查以上草绘图纸，在此基础上，补充遗漏的功能，更正错误，进行完善。

"经验设计法"并无一定的章法可循，在设计过程中如发现初步的设计构想不能实现控制要求，可换个角度试一试。随着设计经验的积累和丰富，应用经验设计法会更加得心应手。

思考与练习

3.1　分析图 3.15 所示梯形图中的基本单元电路。

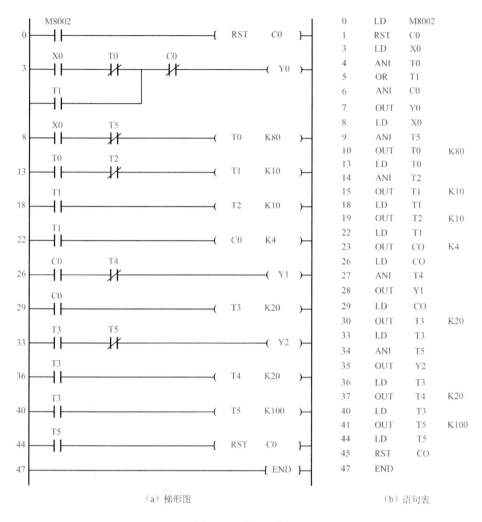

（a）梯形图   （b）语句表

图 3.15 题 3.1 图

3.2 分析图 3.16 中 T10、T20 和 Y0 的运行结果，画出它们的时序图。

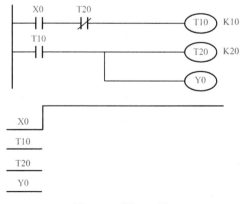

图 3.16 题 3.2 图

3.3　某小车可在左右两地分别启动，运行碰到限位开关后，停 10s 后再自动往回返，如此往复，直到按下停止按钮，小车停止运行，小车在任何位置均可以通过手动停车。

（1）进行 I/O 地址分配。

（2）绘出 PLC 外部电路接线图。

（3）设计梯形图程序。

3.4　如图 3.17 所示，按下按钮 X0 后 Y0 变为 ON 并自保持，T0 定时 7s 后，用 C0 对 X1 的输入脉冲计数，计满 4 个脉冲后，Y0 变为 OFF，同时 C0 和 T0 被复位，在 PLC 刚开始执行用户程序时，C0 也被复位，试设计梯形图并写出语句表。

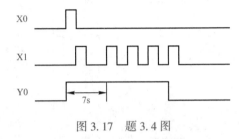

图 3.17　题 3.4 图

3.5　用经验设计法设计满足图 3.18 所示波形的梯形图，并写出语句表。

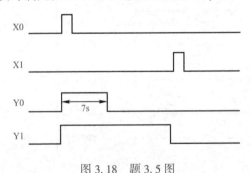

图 3.18　题 3.5 图

3.6　用经验设计法设计 X1 同时控制灯 Y0 和 Y1，要求：X1 闭合时，灯 Y0 立即亮，Y1 延迟 1s 后再亮；X1 断开时，Y0 立即灭，Y1 延迟 2s 后再灭。试画出符合该控制要求的梯形图。

3.7　采用经验设计法设计梯形图。

如图 3.19 所示，按下启动按钮 X5 后，先输出 KM_5（Y5）向右运动，遇行程开关 SQ_1（X1）后，再输出 KM_6（Y6）向左运动，遇行程开关 SQ_3（X3）后，再输出 KM_5（Y5）向右运动，遇中间行程开关 SQ_2（X2）后，完成工作停止。按停止按钮 X6 停止工作。画出控制梯形图。

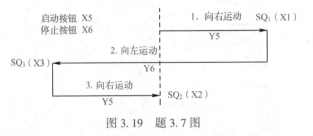

图 3.19　题 3.7 图

3.8 用 PLC 实现三相交流异步电动机 Y—△ 启动控制。

控制要求：如图 3.20 所示为一个控制三相交流异步电动机 Y—△ 启动的主电路。当按下启动按钮 X0 时，接触器 KM_1、KM_2 的常开触点闭合；5s 后，接触器 KM_1 的常开触点从接通到断开，而接触器 KM_3 的常开触点闭合，从而实现 Y 形启动、△ 形运行的目的。当按下停止按钮 X1 时，电动机停止运行。用基本指令编制程序，进行程序输入并完成系统调试。

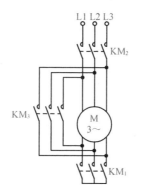

图 3.20 三相交流异步电动机 Y—△ 启动的主电路

3.9 用 PLC 实现水塔水位的自动控制。

控制要求：如图 3.21 所示为用 PLC 实现水塔水位自动控制的示意图。

水塔上设有 4 个液位传感器，分别为 $SQ_1 \sim SQ_4$，当液面高于传感器安装位置时，传感器接通（ON）；当液面低于传感器安装位置时，传感器断开（OFF）。SQ_1 和 SQ_4 起急停保护作用，当 SQ_2 或 SQ_3 失灵时，可发出报警信号。

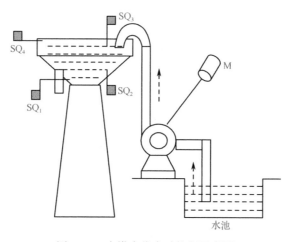

图 3.21 水塔水位自动控制示意图

使用水泵将水池里的水抽到水塔中，按下启动按钮 SB_1 后水泵开始运行，直到收到 SQ_3 信号并保持 X 秒以上，确认水位到达高液位时停止运行；当水塔水位下降到低水位（SQ_2 接通）时，重新开启水泵。

一旦 SQ_3 传感器失灵，在收到 SQ_4 信号时点亮高液位报警指示灯并立即停止整个控制程序；一旦 SQ_2 传感器失灵，在收到 SQ_1 信号时点亮低液位报警指示灯并立即停止整个控制程序。

按下停止按钮 SB_2 后，停止整个控制程序。

用基本指令编制程序，进行程序输入并完成系统调试。

3.10 用 PLC 实现传输带电动机的自动控制。

如图 3.22 所示为传输带电动机的自动控制示意图。某车间运料传输带分为两段，由两台电动机分别驱动。按下启动按钮 SB_1，电动机 M_2 开始运行并连续工作，被运送的物品开始前进；当传感器 SQ_2 检测到物品时，启动电动机 M_1 运送物品前进；当传感器 SQ_1 检测到物品时，延时 X 秒，停止电动机 M_1。上述过程不断进行，直到按下停止按钮 SB_2，电动机 M_2 立刻停止。

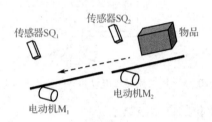

图 3.22 传输带电动机的自动控制示意图

用基本指令编制程序，进行程序输入并完成系统调试。

第4章 常用基本单元电路PLC实训

本章要点

1. 掌握梯形图的经验设计法。

2. 掌握常用基本单元电路的使用方法，包括延时接通电路，延时断开电路，脉冲发生器电路，定时器的扩展电路，定时器和计数器的组合使用，启动、自保、停止控制电路，互锁及联锁控制电路等。

实训1 用PLC控制水塔水位自动运行电路系统

1. 控制要求

如图4.1所示，当水池水位低于水池低水位界限时，液面传感器的开关 SQ_1 接通（ON），发出低位信号，指示灯1闪烁（每隔1s产生一个脉冲），电磁阀Y阀门打开，水池进水；当水位高于低水位界限时，开关 SQ_1 断开（OFF），指示灯1停止闪烁；当水位升高到高于水池高水位界限时，液面传感器的开关 SQ_2 接通（ON），电磁阀Y阀门关闭，停止进水。

当水塔水位低于水塔低水位界限时，液面传感器的开关 SQ_3 接通（ON），发出低位信号，指示灯2闪烁（每隔2s产生一个脉冲）；当水池水位高于水池低水位界限时，电动机M运转，水泵抽水；当水塔水位高于低水位界限时，开关 SQ_3 断开（OFF），指示灯2停止闪烁；当水塔水位上升到高于水塔高水位界限时，液面传感器的开关 SQ_4 接通（ON），电动机停止运行，水泵停止抽水。

电动机由接触器KM控制。

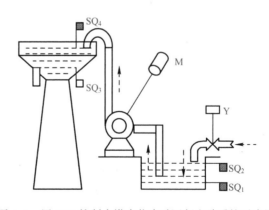

图4.1 用PLC控制水塔水位自动运行电路系统示意图

2. 实训内容和步骤

（1）输入/输出端口配置。

输　　入		输　　出	
设　　备	端口编号	设　　备	端口编号
水池低水位液面传感器开关 SQ_1	X0	电磁阀 Y	Y0
水池高水位液面传感器开关 SQ_2	X1	水池低水位指示灯 1	Y1
水塔低水位液面传感器开关 SQ_3	X2	接触器 KM	Y2
水塔高水位液面传感器开关 SQ_4	X3	水塔低水位指示灯 2	Y3

（2）画出 I/O 接线图。

（3）用 FX_{2N} 系列 PLC 按工艺流程画出梯形图，写出语句表。

（4）模拟设置控制水塔水位自动运行过程。

（5）按基本指令编制程序，进行程序输入并完成系统调试。

（6）参考梯形图如图 4.2 所示。

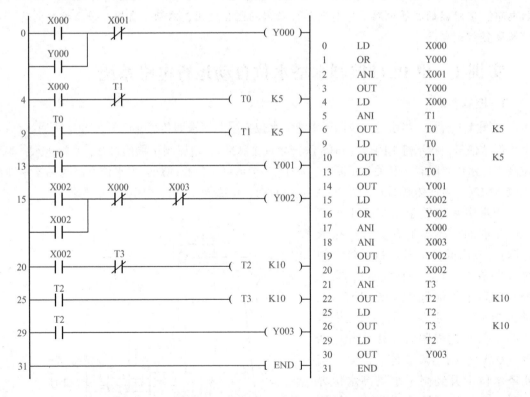

图 4.2　用 PLC 控制水塔水位自动运行电路系统参考梯形图

当水池水位液面低于 SQ_1（X0）时，打开水池进水电磁阀，当水池水位高于 SQ_2（X1）时，关闭进水电磁阀。T0、T1 组成振荡器，T0 的方波周期为 1s，其使水池低水位指示灯 1（Y1）以 1s 为周期进行闪烁。当水塔水位低于传感器开关 SQ_3 且水池的水位高于水池低水

位传感器 SQ_1（X0）时，接通接触器 KM，水泵抽水，T2、T3 组成振荡周期为 2s 的振荡器，使水塔低水位指示灯 2（Y3）在低水位时闪烁，当水塔水位高于 SQ_4 时，接触器 KM 释放。

实训 2　用 PLC 控制三彩灯闪烁电路

1. 控制要求

如图 4.3 所示，彩灯电路受启动开关 SQ_7 控制。当 SQ_7 接通时，彩灯系统 LD1 ～ LD3 开始顺序工作；当 SQ_7 断开时，彩灯全部熄灭。

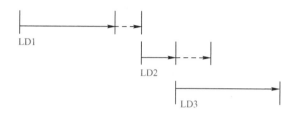

图 4.3　用 PLC 控制三彩灯闪烁电路示意图

三彩灯闪烁电路工作循环过程如下所述。

（1）LD1 彩灯亮，延时 8s 后，闪烁三次（每个闪烁周期为亮 1s、熄 1s）。

（2）LD2 彩灯亮，延时 2s 后，LD3 彩灯亮。

（3）LD3 彩灯亮的同时，LD2 彩灯继续亮，并在延时 2s 后熄灭；LD3 彩灯延时 10s 后熄灭，进入下一次循环。

2. 实训内容和步骤

（1）输入/输出端口配置。

输　　　入		输　　　出	
设　　备	端口编号	设　　备	端口编号
启动按钮 SQ_7	X0	彩灯 LD1	Y0
		彩灯 LD2	Y1
		彩灯 LD3	Y2

（2）画出 I/O 接线图。

（3）用 FX_{2N} 系列 PLC 按工艺流程画出梯形图，写出语句表。

（4）模拟设置控制三彩灯闪烁电路运行过程。

（5）按基本指令编制程序，进行程序的输入并完成系统调试。

（6）参考梯形图如图 4.4 所示。

计数器 C0 在使用前后要清零，本程序用开机脉冲 M8002 清零，按下启动按钮 SQ_7（X0）时，彩灯 LD1 亮，延时 T0（8s）后，由 T1、T2 组成的振荡器发出的脉冲通过计数器 C0 计数三次，即闪烁三次后停止，之后，由计数器 C0 启动彩灯 LD2 亮，延时 T3（2s）后，再启动 LD3。由 T3 开启的 2s 定时器 T4 和 10s 定时器 T5 分别作为 LD2 和 LD3 的停止时间。

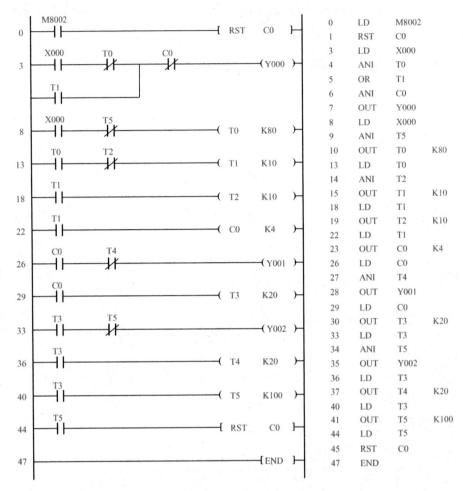

图 4.4　用 PLC 控制三彩灯闪烁电路的参考梯形图

实训 3　用 PLC 控制传输带电动机的运行系统

1. 控制要求

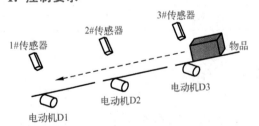

图 4.5　用 PLC 控制传输带电动机的运行系统示意图

如图 4.5 所示，某车间运料传输带分为三段，由三台电动机分别驱动，通过电动机控制使载有物品的传输带运行，没载物品的传输带不运行，从而节省能源。但是，要保证物品在整个运输过程中连续地从上段运行到下段，既不能使下段电动机启动太早，又不能使上段电动机停止太迟。

工作流程如下所述。

（1）按下启动按钮 SQ_1，电动机 D3 开始运行并保持连续工作，被运送的物品前进。

（2）物品被 3#传感器检测到，启动电动机 D2，运送物品前进。

（3）物品被 2#传感器检测到，启动电动机 D1，运送物品前进；延时 2s，停止电动机 D2。

（4）物品被 1#传感器检测到，延时 2s，停止电动机 D1。

（5）上述过程不断进行，直到按下停止按钮 SQ₂，传送立刻停止。

2. 实训内容和步骤

（1）输入/输出端口配置。

输　　　　入		输　　　　出	
设　　备	端 口 编 号	设　　备	端 口 编 号
启动按钮 SQ₁	X0	电动机 D3	Y0
停止按钮 SQ₂	X1	电动机 D2	Y1
3#传感器	X2	电动机 D1	Y2
2#传感器	X3		
1#传感器	X4		

（2）画出 I/O 接线图。

（3）用 FX$_{2N}$ 系列 PLC 按工艺流程画出梯形图，写出语句表。

（4）模拟设置控制传输带电动机运行系统的工作过程。

（5）按基本指令编制程序，进行程序的输入并完成系统调试。

（6）参考梯形图如图 4.6 所示。

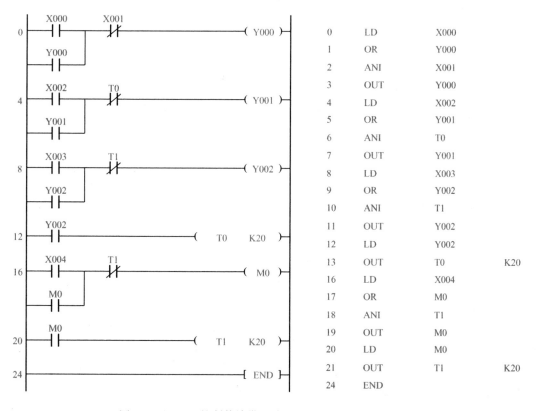

图 4.6　用 PLC 控制传输带电动机运行系统的参考梯形图

传输带的三台电动机都按照"启—保—停"的工作原理设计，电动机 D3 的启动条件是 X0 和 X1，电动机 D2 的启动条件是 3#传感器，而停止条件是电动机 D1 启动后延时 2s 后才停止。同理，电动机 D1 的启动条件是 2#传感器，而停止条件是 1#传感器接通后延时 2s 才停止。

实训 4　用 PLC 控制智力竞赛抢答装置

1. 控制要求

如图 4.7 所示为用 PLC 控制智力竞赛抢答装置示意图，主持人有一个总停开关 SQ_6，控制三个抢答桌。主持人说出题目并按下启动开关 SQ_7 后，谁先按下按钮，谁的桌子上的灯就先亮。当主持人按下总停开关 SQ_6 后，灯才会熄灭，否则一直亮着。

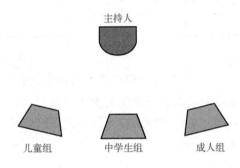

图 4.7　用 PLC 控制智力竞赛抢答装置示意图

三个抢答桌的按钮是这样安排的：一是儿童组，抢答桌上有两个按钮 SQ_1 和 SQ_2，采用并联形式，无论按下哪一个，桌上的灯 LD1 都亮；二是中学生组，抢答桌上只有一个按钮 SQ_3，且只有一个人，一按按钮灯 LD2 即亮；三是成人组，抢答桌上也有两个按钮 SQ_4 和 SQ_5，采用串联形式，只有两个按钮都按下，抢答桌上的灯 LD3 才会亮。

当主持人将启动开关 SQ_7 置于开状态时，10s 之内有人抢答按下按钮，电铃 DL 即响。

2. 实训内容和步骤

（1）输入/输出端口配置。

输 入		输 出	
设　　备	端口编号	设　　备	端口编号
儿童组按钮 SQ_1	X0	儿童组指示灯 LD1	Y0
儿童组按钮 SQ_2	X1	中学生组指示灯 LD2	Y1
中学生组按钮 SQ_3	X2	成人组指示灯 LD3	Y2
成人组按钮 SQ_4	X3	电铃 DL	Y3
成人组按钮 SQ_5	X4		
主持人总停开关 SQ_6	X5		
主持人启动开关 SQ_7	X6		

（2）画出 I/O 接线图。

（3）用 FX$_{2N}$ 系列 PLC 按工艺流程画出梯形图，写出语句表。

（4）模拟设置控制智力竞赛抢答装置的控制过程。

（5）按基本指令编制程序，进行程序的输入并完成系统调试。

（6）参考梯形图如图 4.8 所示。

主持人按下启动按钮 X6 后，M0 得电，作为三个组的工作条件，每两个组是另一个组的互锁条件。T0 表示主持人按下按钮 X6 后，在 10s 内有人抢答，电铃 DL（Y3）响。

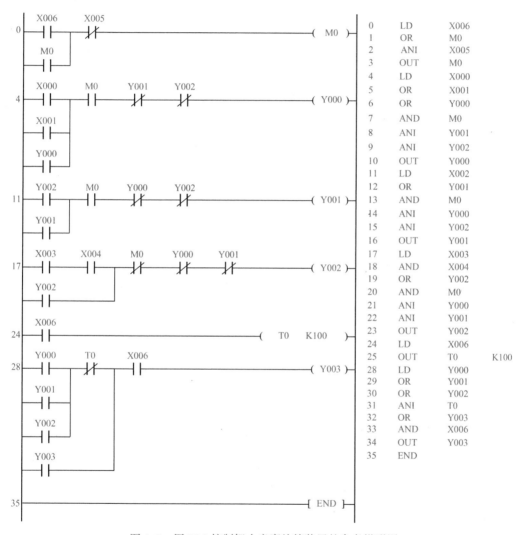

图 4.8 用 PLC 控制智力竞赛抢答装置的参考梯形图

实训 5 用 PLC 控制加热炉自动上料装置

1. 控制要求

如图 4.9（a）所示是用 PLC 控制加热炉自动上料装置的示意图。对其工作过程的要求如下所述。

（1）按下启动按钮 SQ_1 →KM_1 得电，炉门电动机正转→炉门开。

（2）压下限位开关 ST_1 →KM_1 失电，炉门电动机停转；KM_3 得电，推料机电动机正转→推料机进给，送料入炉，直到送到料位。

（3）压下限位开关 ST_2 →KM_3 失电，推料机电动机停转；延时 3s 后，KM_4 得电，推料机电动机反转→推料机退到原位。

（4）压下限位开关 ST_3 →KM_4 失电，推料机电动机停转；KM_2 得电，炉门电动机反转→炉门关闭。

（5）压下限位开关 ST_4 →KM_2 失电，炉门电动机停转；ST_4 常闭触点闭合，为下次循环做准备。

（6）上述过程不断进行。若按下停止按钮 SQ_2，工作立即停止。用 PLC 控制加热炉自动上料装置的工艺流程图如图 4.9（b）所示。

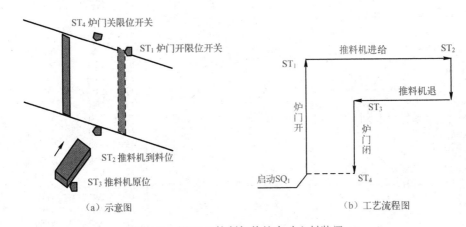

图 4.9 用 PLC 控制加热炉自动上料装置

2. 实训内容和步骤

（1）输入/输出端口配置。

输　　入		输　　出	
设　　备	端口编号	设　　备	端口编号
启动按钮 SQ_1	X0	炉门开接触器 KM_1	Y0
停止按钮 SQ_2	X1	炉门关接触器 KM_2	Y1
限位开关 ST_1	X2	推料机进接触器 KM_3	Y2
限位开关 ST_2	X3	推料机退接触器 KM_4	Y3
限位开关 ST_3	X4		
限位开关 ST_4	X5		

（2）画出 I/O 接线图。

（3）用 FX_{2N} 系列 PLC 按工艺流程画出梯形图，写出语句表。

（4）模拟设置加热炉自动上料装置的控制过程。

（5）按基本指令编制程序，进行程序输入并完成系统调试。

（6）参考梯形图如图 4.10 所示。

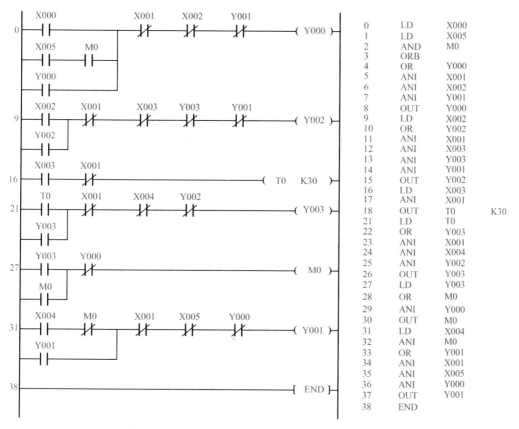

0	LD	X000
1	LD	X005
2	AND	M0
3	ORB	
4	OR	Y000
5	ANI	X001
6	ANI	X002
7	ANI	Y001
8	OUT	Y000
9	LD	X002
10	OR	Y002
11	ANI	X001
12	ANI	X003
13	ANI	Y003
14	ANI	Y001
15	OUT	Y002
16	LD	X003
17	ANI	X001
18	OUT	T0　　K30
21	LD	T0
22	OR	Y003
23	ANI	X001
24	ANI	X004
25	ANI	Y002
26	OUT	Y003
27	LD	Y003
28	OR	M0
29	ANI	Y000
30	OUT	M0
31	LD	X004
32	ANI	M0
33	OR	Y001
34	ANI	X001
35	ANI	X005
36	ANI	Y000
37	OUT	Y001
38	END	

图 4.10　用 PLC 控制加热炉自动上料装置的参考梯形图

该梯形图中共有 4 个输出电路，各输出电路均是"启—保—停"电路，启动和停止条件均是各电路对应的限位开关。设置辅助继电器是为了保证在自动工作状态下，能够进行炉门开或关的动作。

实训 6　用 PLC 控制钻孔动力头电路

1. 控制要求

如图 4.11 所示是用 PLC 控制钻孔动力头电路的示意图，该动力头的加工过程如下所述。

（1）动力头在原位，加启动信号，接通电磁阀 YV1，动力头快进。

（2）动力头碰到限位开关 SQ_1 后，接通电磁阀 YV1 和 YV2，动力头由快进转为工进，同时动力头电动机转动（由 KM_1 控制）。

（3）动力头碰到限位开关 SQ_2 后，电磁阀 YV1 和 YV2 失电，并开始延时 10s。

（4）延时时间到，接通电磁阀 YV3，动力头快退。

（5）动力头回到原位，停止电磁阀 YV3 和动力头电动机。

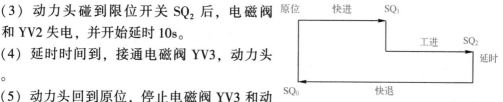

图 4.11　用 PLC 控制钻孔动力头电路示意图

2. 实训内容和步骤

（1）输入/输出端口配置。

输	入	输	出
设　备	端口编号	设　备	端口编号
启动按钮 S01	X0	电磁阀 YV1	Y0
限位开关 SQ_0	X1	电磁阀 YV2	Y1
限位开关 SQ_1	X2	电磁阀 YV3	Y2
限位开关 SQ_2	X3	接触器 KM_1	Y3

（2）画出 I/O 接线图。

（3）用 FX_{2N} 系列 PLC 按工艺流程画出梯形图，写出语句表。

（4）模拟设置钻孔动力头电路控制过程。

（5）按基本指令编制程序，进行程序的输入并完成系统调试。

（6）参考梯形图如图 4.12 所示。

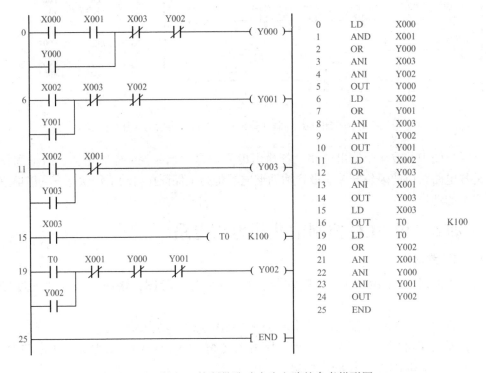

图 4.12　用 PLC 控制钻孔动力头电路的参考梯形图

实训 7　用 PLC 控制仓库门自动开闭控制电路

1. 控制要求

如图 4.13 所示为用 PLC 控制仓库门自动开闭控制电路示意图，当人或车接近仓库门的某个区域时，仓库门自动打开，待人或车通过后，仓库门自动关闭，从而实现了仓库门的自动开闭控制。

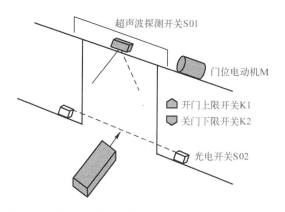

图 4.13 用 PLC 控制仓库门自动开闭控制电路示意图

仓库门采用卷帘式设计，用一个电动机来拖动卷帘。正转接触器 C1 使电动机开门，反转接触器 C2 使电动机关门。在仓库门的上方装设有一个超声波探测开关 S01，该开关可发射超声波，当行人（车）进入超声波发射范围时，超声波开关便检测到超声回波，从而产生输出电信号（S01 = ON），由该信号启动接触器 C1，电动机 M 正转使卷帘上升开门，开门时必须开至上限位后才自动关门。在仓库门的下方装设有一套光电开关 S02，用以检测是否有物体穿过仓库门。光电开关由两部件组成，一个是能连续发光的光源；另一个是能接收光束并能将其转换成电脉冲的接收器。若行人（车）遮挡了光束，则光电开关 S02 便检测到这一物体，进而产生电脉冲信号，由该信号启动接触器 C2，使电动机 M 反转，从而使卷帘开始下降关门，关门时若超声波探测开关探测到有信号，则立即停止关门并自动使电动机正转开门。用两个行程开关 K1 和 K2 来检测仓库门的开门上限和关门下限，用按钮 S03 手动控制开门，用按钮 S04 手动控制关门。

2. 实训内容和步骤

（1）输入/输出端口配置。

输 入		输 出	
设 备	端口编号	设 备	端口编号
超声波探测开关 S01	X0	正转接触器 C1（开门）	Y0
光电开关 S02	X1	反转接触器 C2（关门）	Y1
开门上限开关 K1	X2		
关门下限开关 K2	X3		
按钮 S03	X4		
按钮 S04	X5		

（2）画出 I/O 接线图。

（3）用 FX$_{2N}$ 系列 PLC 按工艺流程画出梯形图，写出语句表。

（4）模拟设置仓库门自动开闭控制电路的控制过程。

（5）按基本指令编制程序，进行程序的输入并完成系统调试。

（6）参考梯形图如图 4.14 所示。

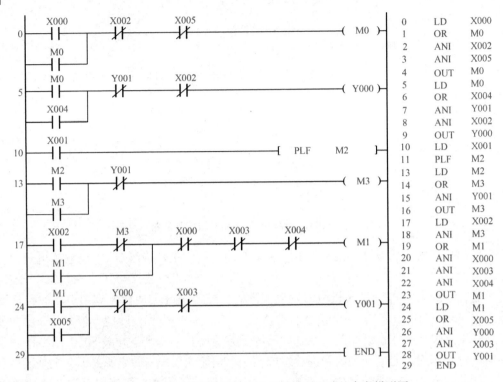

图 4.14　用 PLC 控制仓库门自动开闭控制电路的参考梯形图

M0 集中体现了开门条件，即有超声波信号、门未到上限位，M2 和 M3 表示关门条件，即当物体经过光电开关时，产生一个电脉冲。M1 描述了关门条件，即门在上限位，物体已通过门、无光电和超声波信号，就可以关门了。在关门过程中，如有超声波信号，则关门立即转为开门，手动开门信号 X4 和手动关门信号 X5 是在自动开闭控制失效时使用的。

实训 8　用 PLC 控制三相异步电动机Y—△启动主电路系统

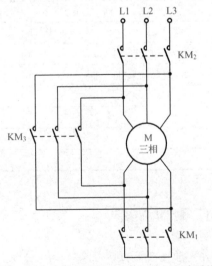

图 4.15　三相异步电动机Y—△启动主电路系统图

1. 控制要求

如图 4.15 所示为三相异步电动机Y—△启动主电路系统图。启动时，首先使接触器 KM_1、KM_2 的常开触点闭合，电动机的定子绕组接成Y形连接。电动机启动旋转，经过 5s 时间控制后，待转速上升到一定数值时，再使接触器 KM_1 的常开触点从接通到断开，而接触器 KM_3 的常开触点闭合，电动机的定子绕组改为△形连接，从而实现了Y形启动、△形运转的目的。当按下停止按钮时，电动机停止运行。

2. 实训内容和步骤

（1）输入/输出端口配置。

输　　入		输　　出	
设　　备	端口编号	设　　备	端口编号
启动按钮 S01	X0	接触器 KM_1	Y0
停止按钮 S02	X1	接触器 KM_2	Y1
		接触器 KM_3	Y2

（2）用 FX_{2N} 系列 PLC 将三相异步电动机 Y—△启动主电路系统图改成 PLC 梯形图。

（3）用 FX_{2N} 系列 PLC 按工艺流程写出语句表。

（4）模拟设置控制三相异步电动机 Y—△启动主电路运行过程。

（5）按基本指令编制程序，进行程序的输入并完成系统调试。

（6）参考梯形图如图 4.16 所示。

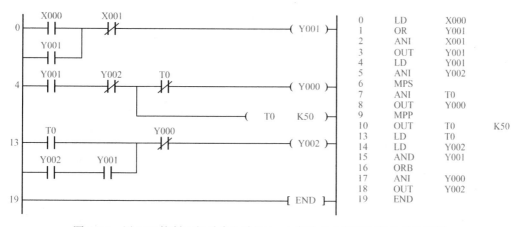

图 4.16　用 PLC 控制三相异步电动机 Y—△启动主电路系统的参考梯形图

实训 9　用 PLC 实现双速电动机控制电路

1. 控制要求

如图 4.17 所示为用继电器控制 4/2 极双速电动机启动控制电路，其中，SB_2 为启动按钮，SB_1 为停止按钮，KT 为时间继电器，延时时间为 5s。

当按下启动按钮 SB_2 时，接触器 KM_1 和时间继电器 KT 吸合，电动机按△形连接 4 极启动，经过 5s 延时后，KT 的延时触点动作，接触器 KM_1 释放，接触器 KM_2、KM_3 吸合，电动机改成 Y 形连接，进入 2 极启动运行。按下停止按钮 SB_1，电动机停止运行。

2. 实训内容和步骤

（1）输入/输出端口配置。

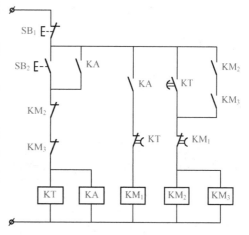

图 4.17　双速电动机控制电路

输　入		输　出	
设　备	端口编号	设　备	端口编号
停止按钮 SB₁	X0	接触器 KM₁	Y0
启动按钮 SB₂	X1	接触器 KM₂	Y1
		接触器 KM₃	Y2

（2）用 FX₂ₙ 系列 PLC 将用继电器控制的电路改成 PLC 梯形图程序，并写出语句表（必须有栈存指令）。

（3）模拟设置控制双速电动机启动控制电路的运行过程。

（4）按基本指令编制程序，进行程序的输入并完成系统调试。

（5）检验程序是否达到了全部要求。

（6）参考梯形图如图 4.18 所示。

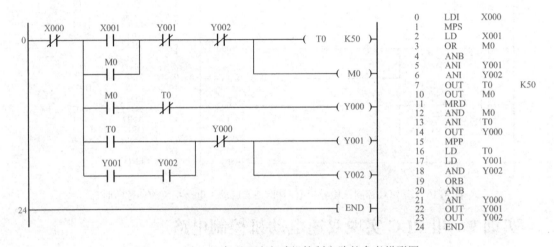

图 4.18　用 PLC 实现双速电动机控制电路的参考梯形图

实训 10　用 PLC 控制装料小车自动控制系统

1. 控制要求

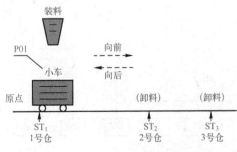

图 4.19　装料小车的自动控制系统示意图

（3）重复进行上述工作过程。

装料小车的自动控制系统示意图如图 4.19 所示。

（1）按下启动按钮 P01，装料小车在 1 号仓装料 10s 后，第一次由 1 号仓送料到 2 号仓，停留 5s 卸料，然后空车返回到 1 号仓，停留 10s 装料。

（2）装料小车第二次由 1 号仓送料到 3 号仓，停留 8s 卸料，然后空车返回到 1 号仓，停留 10s 装料。

（4）按下停止按钮 P02，小车立即停止运行。

2. 实训内容和步骤

（1）输入/输出端口配置。

输　　入		输　　出	
设　　备	端口编号	设　　备	端口编号
启动按钮 P01	X0	向前接触器 KM_1	Y0
停止按钮 P02	X1	向后接触器 KM_2	Y1
限位开关 ST_1	X2		
限位开关 ST_2	X3		
限位开关 ST_3	X4		

（2）画出 I/O 接线图。

（3）用 FX_{2N} 系列 PLC 按工艺要求画出梯形图，写出语句表。

（4）输入程序并进行调试。

（5）参考梯形图如图 4.20 所示。

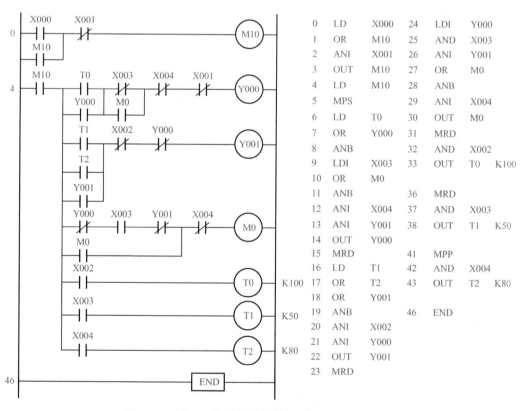

0	LD	X000	24	LDI	Y000
1	OR	M10	25	AND	X003
2	ANI	X001	26	ANI	Y001
3	OUT	M10	27	OR	M0
4	LD	M10	28	ANB	
5	MPS		29	ANI	X004
6	LD	T0	30	OUT	M0
7	OR	Y000	31	MRD	
8	ANB		32	AND	X002
9	LDI	X003	33	OUT	T0　K100
10	OR	M0			
11	ANB		36	MRD	
12	ANI	X004	37	AND	X003
13	ANI	Y001	38	OUT	T1　K50
14	OUT	Y000			
15	MRD		41	MPP	
16	LD	T1	42	AND	X004
17	OR	T2	43	OUT	T2　K80
18	OR	Y001			
19	ANB		46	END	
20	ANI	X002			
21	ANI	Y000			
22	OUT	Y001			
23	MRD				

图 4.20　用 PLC 控制装料小车自动控制系统的参考梯形图

第5章 步进控制指令

1. 掌握单流程步进指令的编程方法。
2. 状态三要素法。
3. 绘制状态转移图编程方法。
4. 步进指令的应用。

5.1 单流程步进指令

在工业控制中，除了过程控制系统，大部分的控制系统属于顺序控制系统。顺序控制是指按照生产工艺预先规定的顺序，在各个输入信号的作用下，根据内部状态和时间的顺序，控制生产中的各个执行机构自动有序地工作。

FX 系列 PLC 除了具有 20 条基本指令，还有两条简单的步进指令，其目标器件是状态器，用类似于顺序功能图 SFC 语言的状态转移图方式编程。这种编程方法可用于编制复杂的顺控程序，此梯形图更加直观，也为更多的电气技术人员所接受。

步进指令仅适用于顺序控制系统，使用步进指令时，首先要按照控制系统的具体要求，画出其相应的步状态功能图，再根据步进指令的使用规则，直接将功能图转换成相应的梯形图。

下面介绍步进指令用于顺序控制的编程方法。

〔例〕 使用 PLC 完成台车自动往返系统的控制。台车自动往返系统的工况示意图如图 5.1 所示。

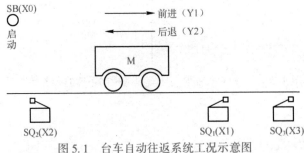

图 5.1 台车自动往返系统工况示意图

1. 了解控制工艺

某一个工作周期的控制工艺要求如下所述。

（1）按下启动按钮 SB，台车电动机 M 正转，台车前进，碰到限位开关 SQ_1 后，台车电动机 M 反转，台车后退。

（2）台车后退碰到限位开关 SQ_2 后，台车电动机 M 停转，台车停车，停 5s，第二次前进，碰到限位开关 SQ_3，再次后退。

（3）当后退再次碰到限位开关 SQ_2 时，台车停止。

2. 输入/输出端口配置

输　　入		输　　出	
设　　备	端口编号	设　　备	端口编号
启动按钮 SB	X0	电动机正转	Y1
前限位 SQ_1	X1	电动机反转	Y2
前限位 SQ_3	X3		
后限位 SQ_2	X2		

3. 编程

（1）第一步：绘制流程图。流程图是描述控制系统的控制过程、功能和特性的一种图形，流程图又称功能表图（Function Chart），主要由步、转移（换）、转移（换）条件、线段和动作（命令）组成。

如图 5.2 所示是该台车的流程图。该台车的工作过程一次循环分为前进、后退、延时、前进、后退五个工步。每一步用一个矩形方框表示，方框中用文字表示该步的动作内容或用数字表示该步的标号。与控制过程的初始状态相对应的步称为初始步，初始步表示操作的开始。每步所驱动的负载（线圈）用线段与方框连接。方框之间用线段连接，表示工作转移的方向，习惯的方向是从上至下或从左至右，必要时也可以选用其他方向。线段上的短线表

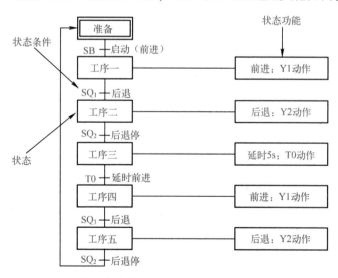

图 5.2　台车自动往返系统状态转移流程图

示工作转移条件。方框与负载连接的线段上的短线表示驱动负载的联锁条件，当联锁条件得到满足时才能驱动负载。本例中无联锁条件。转移条件和联锁条件可以用文字或逻辑符号标注在短线旁边，如用逻辑符号 X0 表示转移条件是动合触点闭合。

当相邻两步之间的转移条件得到满足时，转移去执行下一步动作，而上一步动作便结束，这种控制称为步进控制。

如图 5.2 所示，在初始状态下，按下前进启动按钮（X0 动合触点闭合），则台车由初始状态转移到前进步，驱动对应的输出继电器 Y1，当台车前进至前限位时（X1 动合触点闭合），则由前进步转移到后退步，完成了一个步进。以后的步进读者可以自行分析。

（2）第二步：绘制状态转移图。顺序控制若采用步进指令编程，则需要根据流程图画出状态转移图。

状态转移图是用状态继电器（简称状态）描述的流程图。

状态元件是构成状态转移图的基本元素，是 PLC 的软元件之一。FX$_2$ 共有 1000 个状态元件，其分类、编号、数量及用途如表 5.1 所示。

表 5.1 FX$_2$ 的状态元件

类 别	元件编号	个 数	用途及特点
初始状态	S0 ~ S9	10	用作 SFC 的初始状态
返回状态	S10 ~ S19	10	多运行于模式控制当中，用作返回原点的状态
一般状态	S20 ~ S499	480	用作 SFC 的中间状态
掉电保持状态	S500 ~ S899	400	具有停电保持功能，停电恢复后需继续执行的场合，可用这些状态元件
信号报警状态	S900 ~ S999	100	用作报警元件

流程图中的每一步可用一个状态来表示，由此绘出图 5.2 所示台车流程图的状态转移图，如图 5.3（a）所示。

分配状态的元件如下：

初始状态	S0	前进	S20
后退	S21	延时	S22
再前进	S23	再后退	S24

注意，虽然 S20 与 S23、S21 与 S24 功能相同，但它们是状态转移图中的不同工序，也就是不同状态，故编号也不同。

状态可提供以下三种功能，这些功能称为状态三要素。

① 驱动负载。状态可以驱动 M、Y、T、S 等线圈，可以直接驱动和用置位 SET 指令驱动，也可以通过触点联锁条件来驱动，如当状态 S20 被置位后，它可以直接驱动 Y1。

② 指定转移的目的地。状态转移的目的地由连接状态之间的线段指定，线段所指的状态即指定转移的目的地，如 S20 转移的目的地为 S21。

③ 给出转移条件。状态转移的条件用连接两状态之间的线段上的短线来表示。当转移条件得到满足时，转移的状态被置位，而转移前的状态（转移源）自动复位。例如，当 X1 动合触点瞬间闭合时，状态 S20 将转移到 S21，这时 S21 被置位而 S20 自动复位。

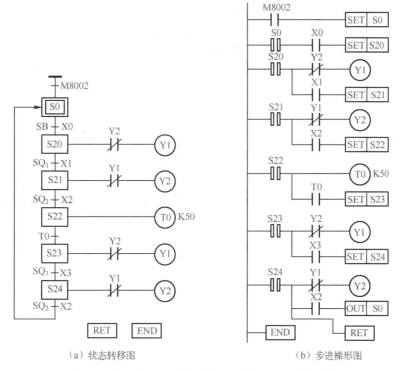

（a）状态转移图　　　　　　　　　（b）步进梯形图

图 5.3　台车自动往返控制状态转移图和步进梯形图

状态的转移条件可以是单一的，也可以是多个元件的串、并联组合，如图 5.4 所示。

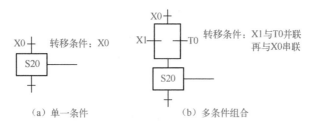

（a）单一条件　　　　　　　　（b）多条件组合

图 5.4　状态的转移条件

在使用状态时还需要说明以下问题。

① 状态的置位要用 SET 指令，这时状态才具有步进功能。它除了提供步进触点，还提供一般的触点。步进触点（STL 触点）只有动合触点，而一般触点有动合触点和动断触点。当状态被置位时，其 STL 触点闭合，用它去驱动负载。

② 用状态驱动的 M 和 Y 若需在状态转移后继续保持接通，则需用 SET 指令；当需要复位时，则需用 RST 指令。

③ 在不相邻的步进段，可重复使用同一编号的计时器。这样，在一般的步进控制中只需使用 2～3 个计时器就够了，可以省略很多计时器。

④ 状态也可以作为一般的中间继电器使用，其功能与 M 一样，但作为一般的中间继电器使用时，就不能再提供 STL 触点。

（3）第三步：设计步进梯形图。前面讲过，每个状态提供一个 STL 触点，当状态被置位时，其步进触点接通。用步进触点连接负载的梯形图称为步进梯形图，它可以根据状态转移图来绘制。由台车状态转移图绘制的步进梯形图如图 5.3（b）所示。

下面对绘制步进梯形图的要点做一些说明。

① 状态必须用 SET 指令置位才具有步进控制功能，这时状态才能提供 STL 触点。

② 状态转移图除了并联分支与连接的结构，STL 触点基本上都是与母线连接的，通过 STL 触点直接驱动线圈，或通过其他触点来驱动线圈。线圈的通断由 STL 触点的通断来决定。

③ 在步进程序结束时，要用 RET 指令使后面的程序返回原母线。

（4）第四步：编制语句表。根据步进梯形图，可用步进指令编制出语句表程序。步进指令由 STL/RET 指令组成。STL 指令称为步进触点指令，用于步进触点的编程。RET 指令称为步进返回指令，用于步进结束时返回原母线。

根据步进梯形图编制语句表的要点如下所述。

① 对 STL 触点要用 STL 指令，而不能用 LD 指令。

② 与 STL 触点直接连接的线圈用 OUT 指令或 SET 指令，通过触点连接的线圈，对于触点开始应使用 LD/LDI 指令。

③ 步进程序结束时要写入 RET 指令。

LD M8002	STL S0
SET S0	LD X0
SET S20	LD T0
STL S20	SET S23
LDI Y2	STL S23
OUT Y1	LDI Y2
LD X1	OUT Y1
SET S21	LD X3
STL S21	SET S24
LDI Y1	STL S24
OUT Y2	LDI Y1
LD X2	OUT Y2
SET S22	LD X2
STL S22	OUT S0
OUT T0	RET
K50	END

5.2 单流程步进指令设计举例——全自动洗衣机的控制系统

1. 控制要求

波轮式全自动洗衣机的洗衣桶（外桶）和脱水桶（内桶）是以同一中心安装的。外桶固定，作为盛水用，内桶可以旋转，作为脱水（甩干）用。内桶的四周有许多小孔，使内、外桶的水流相通。

洗衣机的进水和排水分别由进水电磁阀和排水电磁阀控制。进水时，控制系统使进水电磁阀打开，将水注入外桶；排水时，控制系统使排水电磁阀打开，将水由外桶排到机外。洗涤和脱水由同一台电动机拖动，通过电磁离合器来控制，将动力传递给洗涤波轮或甩干桶（内桶）。电磁离合器失电，电动机带动洗涤波轮实现正、反转，进行洗涤；电磁离合器得电，电动机带动内桶单向旋转，进行甩干（此时波轮不转）。水位高低分别由高低水位开关进行检测。启动按钮用来启动洗衣机工作。

启动时，首先进水，到高水位时停止进水，开始洗涤。正转洗涤 15s，暂停 3s 后反转洗涤 15s，暂停 3s 后再正转洗涤，如此反复 30 次。洗涤结束后，开始排水，当水位下降到低水位时，进行脱水（同时排水），脱水时间为 10s。这样完成一次从进水到脱水的大循环过程。

经过 3 次上述大循环后（第 2、第 3 次为漂洗），进行洗衣完成报警，报警 10s 后结束全过程，自动停机。

2. 程序设计

（1）I/O 设备配置表。

输　入		输　出	
设　备	端口编号	设　备	端口编号
启动按钮	X0	进水电磁阀	Y0
高水位开关	X3	电动机正转控制	Y1
低水位开关	X4	电动机反转控制	Y2
		排水电磁阀	Y3
		脱水电磁离合器	Y4
		报警蜂鸣器	Y5

（2）状态转移图的设计。状态转移图的设计是运用状态编程思想解决顺序控制问题的过程。该过程分为：任务分解、弄清各状态功能、找出各状态的转移条件及方向和设置初始状态四个阶段。下面根据这四个阶段设计全自动洗衣机控制系统的状态转移图。

① 任务分解。根据控制要求，将洗衣机的工作过程分解为下面几个工序（状态）。

进水	S20	暂停	S24
正转洗涤	S21	排水	S25
暂停	S22	脱水	S26
反转洗涤	S23	报警	S27

② 弄清各状态功能。

S20	使进水电磁阀得电打开	Y0 为 ON
S21	正转洗涤 15s	Y1 为 ON，定时 T0，K150
S22	暂停 3s	Y1 为 ON　K30　延时 3s
S23	反转洗涤 15s	Y2 为 ON　定时 T2　K150
S24	暂停 3s	T3 为 ON　K30　延时 3s
		洗涤次数计数 30 次　C0　K30
S25	使排水电磁阀得电排水	Y3 为 ON

S26　脱水

排水电磁阀打开	Y3 为 ON
电磁离合器得电	Y4 为 ON
电动机正转	Y1 为 ON
脱水定时 10s	T4　K100
大循环次数计数 3 次	C1　K3
S27 报警　蜂鸣器工作	Y5 为 ON
	定时 10s　T5　K100

③ 找出各状态的转移条件及方向。

④ 画出状态转移图。

⑤ 程序的调试运行。

⑥ 参考状态转移图如图 5.5 所示。

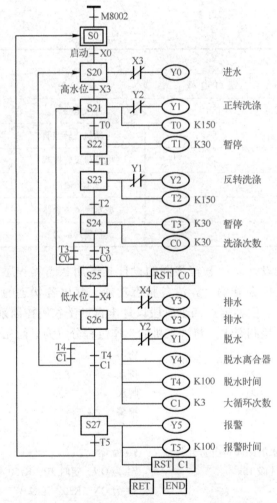

图 5.5　全自动洗衣机控制系统参考状态转移图

5.3　单流程步进指令实训

实训 1　配料小车的 PLC 控制

1. 控制要求

启动按钮 S01 用来开启运料小车，停止按钮 S02 用来手动停止运料小车。按下 S01 后小车从原点启动，KM_1 接触器吸合使小车向前运行直至碰到 SQ_2 开关停止，KM_2 接触器吸合使甲料斗装料 5s，然后小车继续向前运行直至碰到 SQ_3 开关停止，此时 KM_3 接触器吸合使乙料斗装料 3s，随后 KM_4 接触器吸合，小车返回原点直至碰到 SQ_1 开关停止，KM_5 接触器吸合使小车卸料 5s 后完成一次循环。

PLC 控制运料小车示意图如图 5.6 所示。

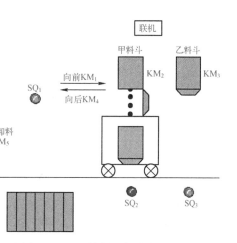

图 5.6　PLC 控制运料小车示意图

2. 实训内容和步骤

（1）输入/输出端口配置。

输　入		输　出	
设　备	端口编号	设　备	端口编号
启动按钮 S01	X0	向前接触器 KM_1	Y0
停止按钮 S02	X1	甲卸料接触器 KM_2	Y1
开关 SQ_1	X2	乙卸料接触器 KM_3	Y2
开关 SQ_2	X3	向后接触器 KM_4	Y3
开关 SQ_3	X4	车卸料接触器 KM_5	Y4
选择按钮 S07	X5		

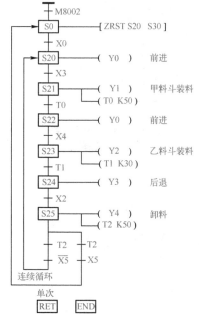

图 5.7　配料小车第 1 题参考状态转移图

（2）画出 I/O 接线图。

（3）按下列题目要求编制状态转移图。

以下有 2 个小题，可以有选择地进行练习（题后有参考答案）。

① 要求小车连续循环与单次循环可按 S07 自锁按钮进行选择，当 S07 为 "0" 时小车连续循环，当 S07 为 "1" 时小车单次循环；根据要求画出状态转移图，画出梯形图程序或写出语句表程序，用 FX_2 系列 PLC 简易编程器或计算机软件进行程序输入。

配料小车第 1 题参考状态转移图如图 5.7 所示，参考梯形图及指令表如图 5.8 所示。

② 小车连续循环，按下停止按钮 S02 小车完成当前运行环节后，立即返回原点，直到碰到 SQ_1 开关停止；再按下启动按钮 S01 小车重新运行；根据要求画出状态转移图，画出梯形图程序或写出语句表程序，用 FX_2 系列 PLC 简易编程器或计算机软件进行程序输入。

配料小车第 2 题参考状态转移图如图 5.9 所示，参考梯形图及指令表如图 5.10 所示。

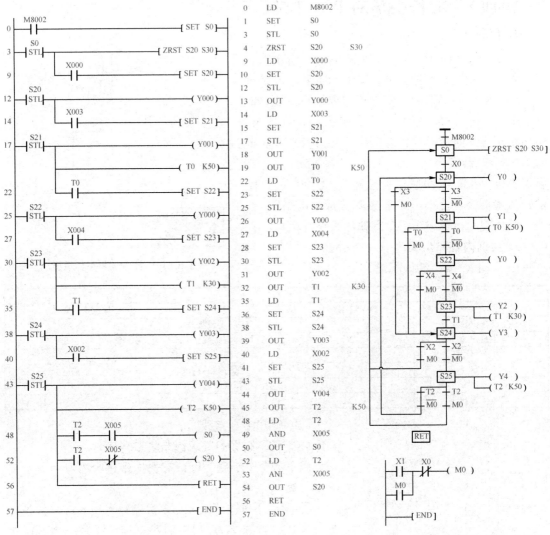

0	LD	M8002
1	SET	S0
3	STL	S0
4	ZRST	S20 S30
9	LD	X000
10	SET	S20
12	STL	S20
13	OUT	Y000
14	LD	X003
15	SET	S21
17	STL	S21
18	OUT	Y001
19	OUT	T0
22	LD	T0
23	SET	S22
25	STL	S22
26	OUT	Y000
27	LD	X004
28	SET	S23
30	STL	S23
31	OUT	Y002
32	OUT	T1
35	LD	T1
36	SET	S24
38	STL	S24
39	OUT	Y003
40	LD	X002
41	SET	S25
43	STL	S25
44	OUT	Y004
45	OUT	T2
48	LD	T2
49	AND	X005
50	OUT	S0
52	LD	T2
53	ANI	X005
54	OUT	S20
56	RET	
57	END	

图 5.8　配料小车第 1 题参考梯形
图及指令表

图 5.9　配料小车第 2 题参考状态
转移图

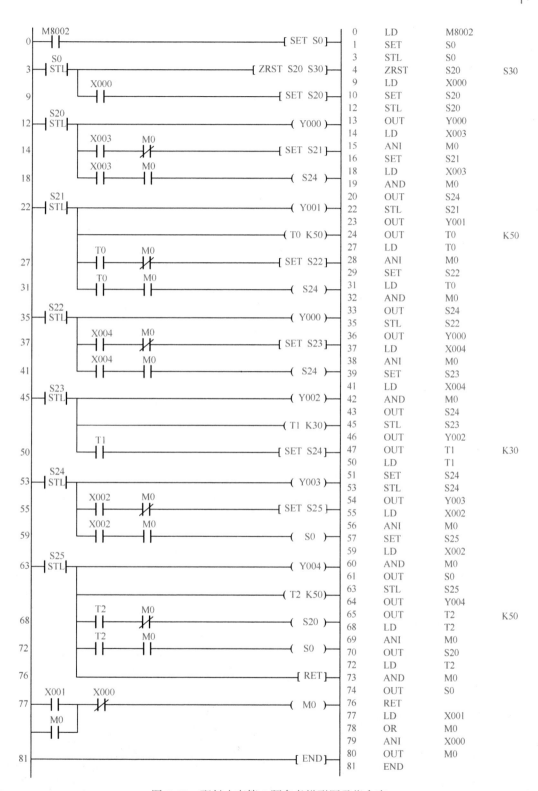

图 5.10　配料小车第 2 题参考梯形图及指令表

实训 2　用 PLC 控制反应炉的动作

1. 控制要求

反应炉工艺共分为三个过程，第一个过程为进料过程：当液面低于下液面传感器（$SL_2=1$），温度低于低温传感器（$ST_2=1$），压力低于低压传感器（$SP_2=1$）时，排气阀（YV1）和进料阀（YV2）打开；液面上升至上液面传感器（$SL_1=1$），关闭排气阀和进料阀，延时 3s 打开氮气阀（YV3），反应炉内压力上升至高压传感器（$SP_1=1$），关闭氮气阀，开始第二个过程。第二个过程为加热过程：加热接触器 KM 吸合，温度上升至高温传感器（$ST_1=1$），断开加热接触器，降温，延时 4s 开始第三个过程。第三个过程为泄放过程：打开排气阀（YV1）和泄放阀（YV4），气压下降至低压传感器，关闭排气阀，液位下降至下液面传感器，关闭泄放阀。以上三个过程为一个工作循环。

按下 S01 启动按钮，开始反应炉工艺，一直循环下去，直到按下 S02 停止按钮，工艺完成一个循环，停止。反应炉工艺图如图 5.11 所示。

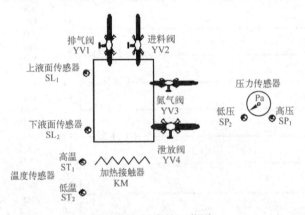

图 5.11　反应炉工艺图

2. 实训内容和步骤

（1）输入/输出端口配置。

输　　入		输　　出	
设　　备	端口编号	设　　备	端口编号
高温传感器 ST_1	X0（M2）	加热接触器 KM	Y0
低温传感器 ST_2	X1（M3）	排气阀 YV1	Y1
高压传感器 SP_1	X2（M0）	进料阀 YV2	Y2
低压传感器 SP_2	X3（M1）	氮气阀 YV3	Y3
上液面传感器 SL_1	X4（M4）	泄放阀 YV4	Y4
下液面传感器 SL_2	X5（M5）		
启动按钮 S01	X6		
停止按钮 S02	X7		

（2）画出 I/O 接线图。

（3）根据控制要求画出状态转移图、梯形图，写出语句表。

（4）调试控制程序。

（5）反应炉控制的参考状态转移图如图 5.12 所示。

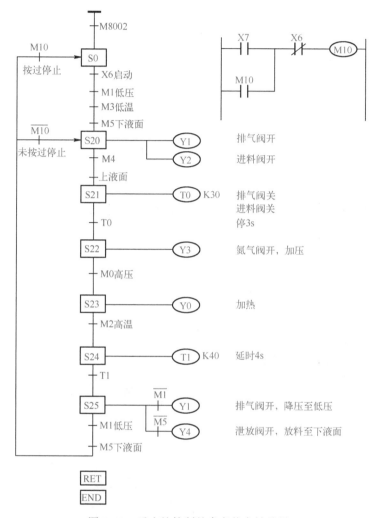

图 5.12　反应炉控制的参考状态转移图

实训 3　用 PLC 控制压模流水线工作

1. 控制要求

压模流水线工艺图如图 5.13 所示。其工作台两边安装了两条传送带用于输送工件，工件从右面输送过来，到工位 1 停，右面 1 号进料机械手将工件吸起后搬送到工作台上（工位 2），工件就位后冲头进行一次冲压，冲压后左面的 2 号出料机械手将工件吸起后搬送到左面输送带上（工位 3）并送走，各个工位通过传感器进行定位。每完成一次冲压计数一次。

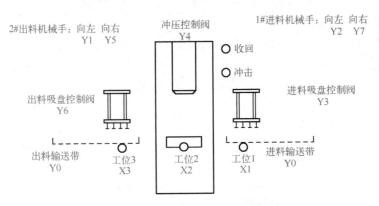

图 5.13　压模流水线工艺图

控制过程为：启动→M1 转 $\xrightarrow{\text{到工位 1}}$ M1 停 $\xrightarrow{1s}$ 1#进料机械手吸料 $\xrightarrow{1s}$ 1#进料机械手向左 $\xrightarrow{\text{到工位 2}}$ 1#进料机械手停 $\xrightarrow{1s}$ 放开工件 $\xrightarrow{1s}$ 1#进料机械手返回原位 $\xrightarrow{\text{到工位 1}}$ 冲头冲压 $\xrightarrow{1s}$ 冲头收回 $\xrightarrow{1s}$ 2#出料机械手向右 $\xrightarrow{\text{到工位 2}}$ 2#出料机械手停 $\xrightarrow{1s}$ 2#出料机械手吸料 $\xrightarrow{1s}$ 2#出料机械手返回原位 $\xrightarrow{\text{到工位 3}}$ 2#出料机械手停，放开工件 $\xrightarrow{1s}$ M2 转 $\xrightarrow{3s}$ M2 停，M1 转，开始下一次循环。

2. 实训内容和步骤

（1）输入/输出端口配置。

输　　入		输　　出	
输入端口	端口编号	输出端口	端口编号
启动按钮 SA_1	X0	M1	Y0
工位 1	X1	M2	Y0
工位 2	X2	1#进料机械手向左	Y2
工位 3	X3	1#进料机械手向右	Y7
		进料吸盘控制阀	Y3
		2#出料机械手向左	Y1
		2#出料机械手向右	Y5
		出料吸盘控制阀	Y6
		冲压控制阀	Y4

（2）画出 I/O 接线图。

（3）根据控制要求画出状态转移图、梯形图，写出语句表。

（4）调试控制程序。

（5）压模流水线控制的参考状态转移图如图 5.14 所示。

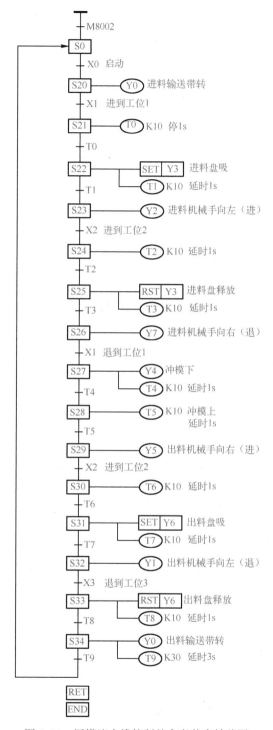

图 5.14　压模流水线控制的参考状态转移图

思考与练习

5.1 将图 5.15 所示的 STL 功能图转换成 STL 梯形图，并写出指令语句。

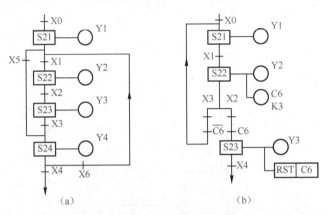

图 5.15　题 5.1 图

5.2 一小车运行过程如图 5.16 所示。小车原位在后退终端，当小车压下后限位开关 SQ_1 时，按下启动按钮 SB，小车前进，当运行至料斗下方时，前限位开关 SQ_2 动作，此时打开料斗给小车加料，延时 8s 后关闭料斗，小车后退返回，SQ_1 动作时，打开小车底门卸料，6s 后结束，完成一次动作，如此循环。请用状态编程思想设计其状态转移图。

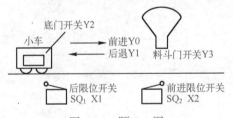

图 5.16　题 5.2 图

5.3 在氯碱生产中，碱液的蒸发、浓缩过程往往伴有盐的结晶，因此要采取措施对盐碱进行分离。分离过程为一个顺序循环工作过程，共分 6 个工序，靠进料阀、洗盐阀、化盐阀、升刀阀、母液阀、熟盐水阀 6 个电磁阀完成上述过程，各阀的动作如下表所示。当系统启动时，首先进料，5s 后甩料，延时 5s 后洗盐，5s 后升刀，再延时 5s 后间歇，间歇时间为 5s，之后重复进料、甩料、洗盐、升刀、间歇工序，重复 8 次后进行洗盐，20s 后再进料，此为一个周期。请设计其状态转移图。

电磁阀序号	步骤 名称	进料	甩料	洗盐	升刀	间歇	清洗
1	进料阀	+	-	-	-	-	-
2	洗盐阀	-	-	+	-	-	+
3	化盐阀	-	-	-	+	-	-

电磁阀序号	名称＼步骤	进料	甩料	洗盐	升刀	间歇	清洗
4	升刀阀	-	-	-	+	-	-
5	母液阀	+	+	+	+	+	-
6	熟盐水阀	-	-	-	-	-	+

5.4　某注塑机用于热塑性塑料的成型加工。它借助 8 个电磁阀 YV1～YV8 完成注塑加工各工序。若注塑模在原点 SQ_1 动作，按下启动按钮 SB，通过 YV1、YV3 将模子关闭，限位开关 SQ_2 动作后表示模子关闭完成，此时由 YV2、YV8 控制射台前进，准备射入热塑料，限位开关 SQ_3 动作后表示射台到位，YV3、YV7 动作开始注塑，延时 10s 后 YV7、YV8 动作进行保压，保压 5s 后，由 YV1、YV7 执行预塑，等加料限位开关 SQ_4 动作后由 YV6 执行射台的后退，由 YV2、YV4 执行开模，限位开关 SQ_6 动作后开模完成，YV3、YV5 动作使顶针前进，将塑料件顶出，顶针终止限位开关 SQ_7 动作后，YV4、YV5 使顶针后退，顶针后退限位开关 SQ_8 动作后，动作结束，完成一个工作循环，等待下一次启动。请编制控制程序。

5.5　某矿场采用的是离心式选矿机，如图 5.17 所示是其工作示意图。控制系统的要求如下。

（1）在任何时候按下停车按钮，当前进行的选矿工艺过程都要进行到底，才能停止工作，这样可以减少浪费，同时在下一次工作时可以从头开始，做到工作有序。

（2）按下启动按钮，选矿开始，首先打开断矿阀 A，矿流进入离心选矿机。

（3）180s 后装满选矿机，关闭断矿阀，暂停 4s。

（4）启动离心选矿机和分矿阀 B（使精矿和尾石分开），运行 25s。

（5）关闭分矿阀 B，同时离心选矿机也停止旋转。

（6）暂停 4s 后，再打开冲矿阀 C 进行冲水。

（7）2s 后关闭冲矿阀 C，暂停 4s。

（8）再继续打开断矿阀 A，矿流进入离心机，进入下一个工作过程。

请设计满足上述控制要求的功能图、梯形图和指令语句（采用步进指令实现控制）。

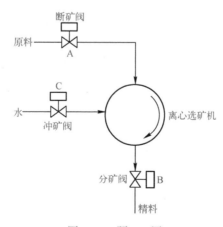

图 5.17　题 5.5 图

5.6　如图 5.18 所示为一个自动进给工作台，它由两台三相异步交流电动机驱动两轴加工，工艺要求为：在加工中依次进行不同深度的进给和返回运动，要求用 PLC 的步进指令进行编程。

工作台上 SQ_0（X0）、SQ_1（X1）、SQ_2（X2）、SQ_3（X3）、SQ_4（X4）和 SQ_5（X5）为限位开关，启动按钮为 SB_1（X6），加工方式为两轴交替加工。请按照端口分配进行梯形图程序设计。

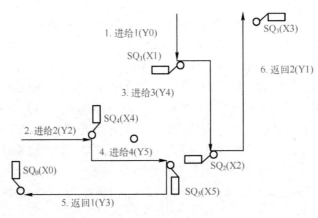

图 5.18　题 5.6 图

5.7　四台电动机的动作时序如图 5.19 所示。M1 的循环动作周期为 34s，M1 动作 10s 后 M2、M3 启动，M1 动作 15s 后 M4 动作，M2、M3、M4 的循环动作周期为 34s，要求用步进顺控指令设计状态转移图，并进行编程。

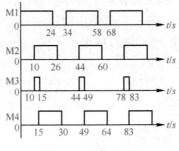

图 5.19　题 5.7 图

第6章 多流程步进指令控制

本章要点

1. 选择性分支与汇合的编程方法。
2. 并行性分支与汇合的编程方法。
3. 多流程步进指令控制的应用。

在状态转移图中，除了单流程状态转移图，还存在多种工作顺序的状态流程图，即选择性分支和并行性分支。

6.1 选择性分支与汇合

从多个流程程序中，选择执行哪一个流程称为选择性分支。如图6.1所示是选择性分支与汇合的状态转移图和梯形图。

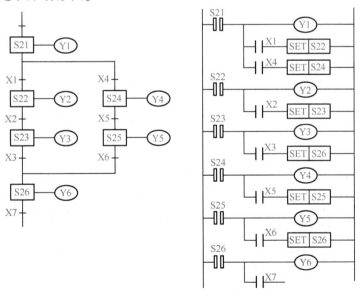

图 6.1 选择性分支与汇合的状态转移图和梯形图

选择性分支与汇合的编程原则是：先集中进行分支状态处理，再集中进行汇合状态的处理。具体的编程方法如下所述。

分支状态处理：先进行分支状态的驱动处理，再按分支的顺序进行转移处理。

汇合状态处理：先进行汇合前状态（分支状态与汇合状态之间的中间状态）的处理，再依据分支顺序进行各分支到汇合状态的转移。

分支选择条件 X1 和 X4 不能同时接通，由状态器 S21 根据 X1 和 X4 的状态决定执行哪一条分支。当状态器 S22 或 S24 接通时，S21 自动复位。状态器 S26 由 S23 或 S25 置位，同时，前一状态器 S23 或 S25 自动复位。图 6.1 对应的语句表如下所示。

STL S21	STL S22	STL S24	STL S26
OUT Y1	OUT Y2	OUT Y4	OUT Y6
LD X1	LD X2	LD X5	
SET S22	SET S23	SET S25	
LD X4	STL S23	STL S25	
SET S24	OUT Y3	OUT Y5	
	LD X3	LD X6	
	SET S26	SET S26	

6.2 选择性分支与汇合设计举例

6.2.1 用 PLC 控制拣球的动作

吸盘原始位置在左上方，左限开关 LS1、上限开关 LS3 压合，单击仿真程序中的"选球"按钮，选择大球或小球，按下启动按钮 S01，下降电磁阀 KM_0 吸合，延时 7s，下降电磁阀 KM_0 断开，吸合电磁阀 KM_1 吸合。若是小球，吸盘碰到下限开关 LS2 压合；若是大球，吸盘则碰不到下限开关 LS2，然后上升电磁阀 KM_2 吸合，吸盘碰到上限开关 LS3 压合，上升电磁阀 KM_2 断开，右移电磁阀 KM_3 吸合。若是小球，吸盘碰到小球右限开关 LS4 压合，右移电磁阀 KM_3 断开，下降电磁阀 KM_0 吸合；若是大球，吸盘碰到大球右限开关 LS5 压合，右移电磁阀 KM_3 断开，下降电磁阀 KM_0 吸合，然后吸盘碰到下限开关 LS2 压合，吸合电磁阀 KM_1 断开，下降电磁阀 KM_0 断开，上升电磁阀 KM_2 吸合，吸盘碰到上限开关 LS3 压合，上升电磁阀 KM_2 断开，左移电磁阀 KM_4 吸合，吸盘碰到左限开关 LS1 压合，左移电磁阀 KM_4 断开，如此完成一个循环。拣球工艺图如图 6.2 所示。要求编制选择性分支状态转移图，写出指令表或画出梯形图。

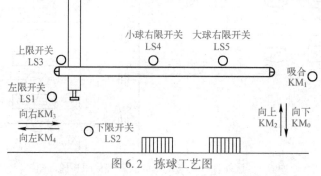

图 6.2 拣球工艺图

（1）输入/输出端口配置。

输 入		输 出	
设 备	端 口 编 号	设 备	端 口 编 号
启动按钮 S01	X0	下降电磁阀 KM_0	Y0
左限开关 LS1	X1	吸合电磁阀 KM_1	Y1
下限开关 LS2	X2（M2）	上升电磁阀 KM_2	Y2
上限开关 LS3	X3	右移电磁阀 KM_3	Y3
小球右限开关 LS4	X4	左移电磁阀 KM_4	Y4
大球右限开关 LS5	X5		

（2）拣球控制的参考状态转移图如图 6.3 所示。

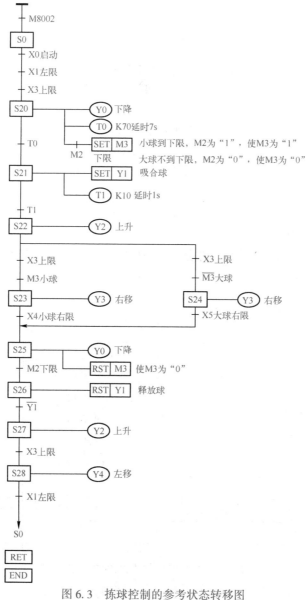

图 6.3 拣球控制的参考状态转移图

6.2.2 双门通道的自动控制

如图 6.4 所示为双门通道自动控制开关门的原理示意图，该通道的两个出口（甲、乙）设立两个电动门：门 1（B1）和门 2（B2）。在两个门的外侧设有开门的按钮 X1 和 X2，在两个门的内侧设有光电传感器 X11 和 X12，以及开门的按钮 X3 和 X4，可以自动完成门 1 和门 2 的打开。门 1 和门 2 不能同时打开。

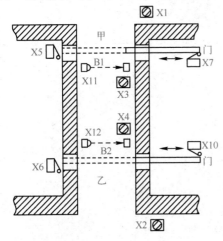

图 6.4 双门通道自动控制开关门的原理示意图

对双门通道自动控制开关门系统的控制要求如下所述。

① 若有人在甲处按下开门按钮 X1，则门 B1 自动打开，3s 后关闭，再自动打开门 B2。

② 若有人在乙处按下开门按钮 X2，则门 B2 自动打开，3s 后关闭，再自动打开门 B1。

③ 在通道内的人通过操作 X3 和 X4 可立即进入门 B1 和门 B2 的开门程序。

④ 每道门都安装了限位开关（X5、X6、X7、X10），用于确定门关闭和打开是否到位。

⑤ 在通道外的开门按钮 X1 和 X2 有相对应的指示灯 LED，当按下开门按钮后，指示灯 LED 亮，门关好后 LED 指示灯熄灭。

⑥ 当光电传感器检测到门 B1、门 B2 的内侧有人时，能自动进入开门程序。

请编制满足上述控制要求的选择性分支状态转移图，并写出指令表或画出梯形图。

（1）输入/输出端口配置。

输 入		输 出	
设 备	端口编号	设 备	端口编号
B1 门外按钮	X1	打开 B1 门	Y1
B1 门内按钮	X3	关闭 B1 门	Y2
B1 门关门到位	X5	打开 B2 门	Y3
B1 门开门到位	X7	关闭 B2 门	Y4
B1 门内光电传感器	X11	按钮 X1 的指示灯	Y5
B2 门外按钮	X2	按钮 X2 的指示灯	Y6
B2 门内按钮	X4		
B2 关门到位	X6		
B2 开门到位	X10		
B2 门内的光电传感器	X12		

（2）双门通道自动控制参考状态转移图如图 6.5 所示。

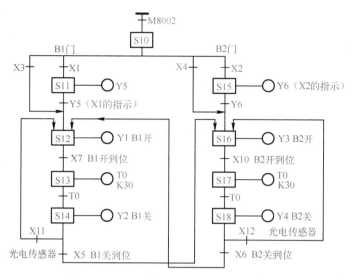

图 6.5 双门通道自动控制参考状态转移图

6.3 并行性分支与汇合

多个流程分支可同时执行的分支流程称为并行性分支。如图 6.6 所示是并行性分支与汇合的状态转移图和梯形图。并行性分支的编程原则是：先集中进行分支状态处理，再集中进行汇合状态处理。

具体的编程方法如下所述。

分支状态处理：先进行分支状态的驱动处理，再按分支的顺序进行转移处理。

汇合状态处理：先进行汇合前状态（分支状态与汇合状态之间的中间状态）的处理（含这些状态的驱动和转移），再依据分支顺序进行由各分支到汇合状态的转移，即各分支最后一个状态到汇合状态的转移。

当转换条件 X1 接通时，由状态器 S21 分两路同时进入状态器 S22 和 S24，即同时激活两个并行分支，以后系统的两个分支并行工作，图 6.6 水平双线强调的是并行工作，实际上与一般状态编程一样，先进行驱动处理，然后进行转换处理，从左到右依次进行。当两个分支都处理完毕后，S23、S25 同时接通，当转换条件 X4 也接通时，S26 接通，同时 S23、S25 自动复位，多条支路汇合在一起，实际上是 STL 指令连续使用（在梯形图上是 STL 触点串联）。STL 指令最多可连续使用 8 次，即最多允许 8 条并行支路汇合在一起。与图 6.6 对应的语句表如下所示。

	STL S22	STL S24	STL S23
STL S21	OUT Y2	OUT Y4	STL S25
OUT Y1	LD X2	LD X3	LD X4
LD X1	SET S23	SET S25	SET S26
SET S22	STL S23	STL S25	STL S26
SET S24	OUT Y3	OUT Y5	OUT Y6
先集中处理分支头	编写左边分支	编写右边分支	集中汇合处理

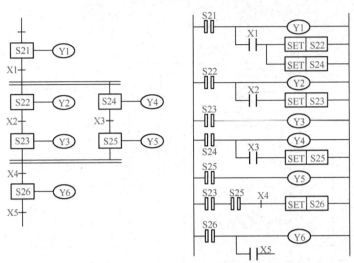

图 6.6　并行性分支与汇合的状态转移图和梯形图

6.4　并行性分支与汇合设计举例

6.4.1　用 PLC 控制化工生产的液体混合

某化学反应过程由四个容器组成，如图 6.7 所示。容器之间用泵连接，每个容器都装有检测容器空和满的传感器。1 号、2 号容器分别用泵 P1、泵 P2 将碱溶液和聚合物灌满，灌满后传感器发出信号，P1、P2 关闭。2 号容器开始加热，当温度达到 60℃ 时，温度传感器发出信号，关掉加热器，然后泵 P3、泵 P4 分别将 1 号、2 号容器中的溶液输送到 3 号反应器中，同时搅拌器启动，搅拌时间为 60s，一旦 3 号容器满或 1 号、2 号容器空，则泵 P3、泵 P4 停止工作，等待。当搅拌时间到时，P5 将混合液抽入 4 号产品池容器，直到 4 号容器满或 3 号容器空为止。产品用 P6 抽走，直到 4 号容器空，这样就完成了一次循环。在任何时候按下停止操作按钮后，控制系统都要将当前的化学反应过程进行到结束，才能停止动作，返回到初始状态。要求编制并行性分支状态转移图，写出指令表或画出梯形图。

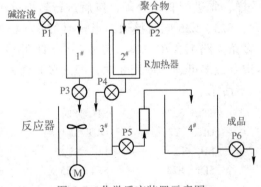

图 6.7　化学反应装置示意图

（1）输入/输出端口配置。

输　　入		输　　出	
设　　备	端口编号	设　　备	端口编号
启动	X0	泵 P1	Y0
停止	X1	泵 P2	Y1
1#满	X2	加热器	Y2
1#空	X3	泵 P3	Y3
2#满	X4	泵 P4	Y4
2#空	X5	搅拌器 MA	Y5
3#满	X6	泵 P5	Y6
3#空	X7	泵 P6	Y7
4#满	X10		
4#空	X11		
温度传感器	X12		

（2）化工生产的液体混合控制的参考状态转移图如图 6.8 所示，参考梯形图如图 6.9 所示。

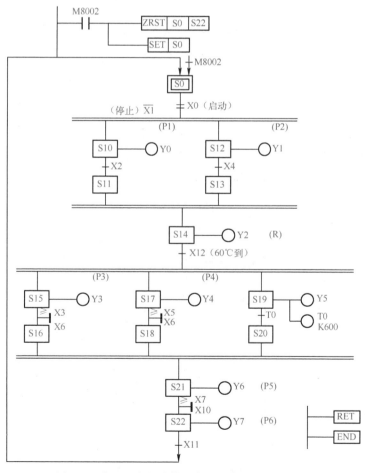

图 6.8　化工生产的液体混合控制参考状态转移图

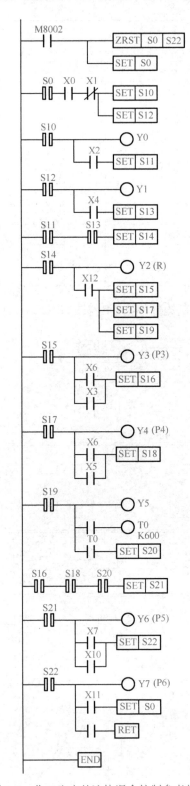

图 6.9　化工生产的液体混合控制参考梯形图

6.4.2　用 PLC 控制双工作台工作

有一台多工位、双动力头组合机床，其示意图如图 6.10 所示，其回转台 M5 周边均匀地安装了 12 个撞块，通过限位开关 SQ_7 的信号可做最小为 30° 的分度。加工前，动力头和回转工作台均在原位，即限位开关 SQ_3、SQ_6、SQ_7 被压合，回转工作台上夹具放松。试用 PLC 来控制组合机床的工艺流程。

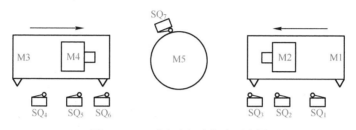

图 6.10　双动力头组合机床示意图

控制过程为：启动 ⟶ 夹具夹紧 $\xrightarrow{1s}$

$\Big\{$ 滑台 M1 快进 $\xrightarrow{SQ_1}$ M1 工进，动力头 M2 转 $\xrightarrow{SQ_2}$ 动力头 M2 停，M1 快退 $\xrightarrow{SQ_3}$ 滑台 M1 停

滑台 M3 快进 $\xrightarrow{SQ_4}$ M3 工进，动力头 M4 转 $\xrightarrow{SQ_5}$ 动力头 M4 停，M3 快退 $\xrightarrow{SQ_6}$ 滑台 M3 停 $\Big\}$

⟶ 夹具放松 $\xrightarrow{1s}$ 调整工位，回转工作台转 90° ⟶ 停止

（1）输入/输出端口配置。

输　　入		输　　出	
设　　备	端口编号	设　　备	端口编号
启动按钮 SB	X0	M1 快进	Y1
限位开关 SQ_1	X1	M1 工进	Y2
限位开关 SQ_2	X2	M1 快退	Y3
限位开关 SQ_3	X3	M2 转	Y11
限位开关 SQ_4	X4	M3 快进	Y4
限位开关 SQ_5	X5	M3 工进	Y5
限位开关 SQ_6	X6	M3 快退	Y6
限位开关 SQ_7	X7	M4 转	Y12
		回转工作台 M5 转	Y10
		夹具夹紧电磁阀	Y7

（2）PLC 控制双工作台工作的参考状态转移图如图 6.11 所示，参考梯形图如图 6.12 所示。

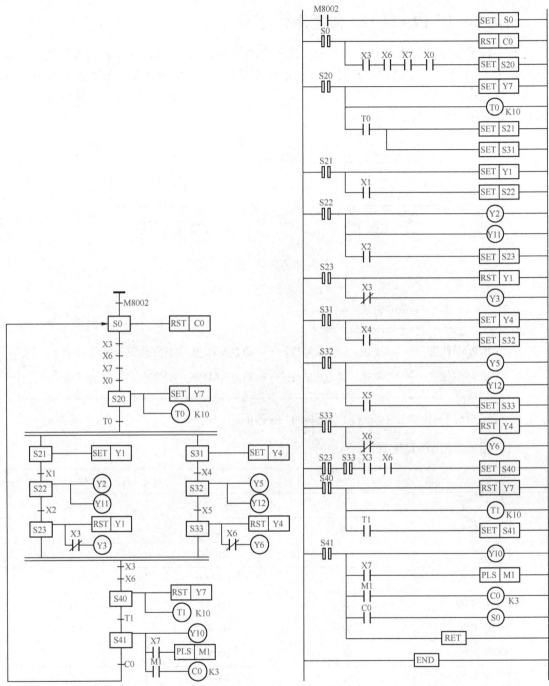

图 6.11　PLC 控制双工作台工作的参考状态转移图　　图 6.12　PLC 控制双工作台工作的参考梯形图

6.5　多流程步进控制实训

实训 1　用 PLC 控制运料小车的动作

1. 控制要求

启动按钮 S01 用来开启运料小车，停止按钮 S02 用来手动停止运料小车，按 SB9、SB10 工作方式选择按钮（程序每次只读小车到达 SQ_2 以前的值），工作方式的选择见下面的表格。按下 S01，小车从原点启动，KM_1 接触器吸合使小车向前运行直到碰到 SQ_2 开关。第一方式：小车停，KM_2 接触器吸合使甲料斗装料 5s，然后小车继续向前运行直到碰到 SQ_3 开关停，此时 KM_3 接触器吸合使乙料斗装料 3s；第二方式：小车停，KM_2 接触器吸合使甲料斗装料 3s，然后小车继续向前运行，直到碰到 SQ_3 开关停，此时 KM_3 接触器吸合使乙料斗装料 5s；第三方式：小车停，KM_2 接触器吸合使甲料斗装料 7s，小车不再前行；第四方式：小车继续向前运行，直到碰到 SQ_3 开关停，此时 KM_3 接触器吸合使乙料斗装料 8s；完成以上任何一种方式后，KM_4 接触器吸合，小车返回原点，直到碰到 SQ_1 开关停止，KM_5 接触器吸合使小车卸料 5s 后完成一次循环。在此循环过程中按下 S02 按钮，小车完成一次循环后停止运行，否则小车完成 3 次循环后自动停止。运料小车工艺图如图 6.13 所示。

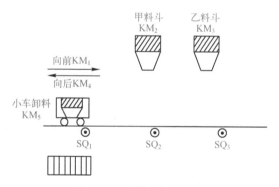

图 6.13　运料小车工艺图

工作方式	SB9	SB10
第一方式	0	0
第二方式	1	0
第三方式	0	1
第四方式	1	1

2. 实训内容和步骤

（1）输入/输出端口配置。

输　入		输　出	
设　备	端口编号	设　备	端口编号
启动按钮 S01	X0	向前接触器 KM_1	Y0

续表

输　　入		输　　出	
设　　备	端口编号	设　　备	端口编号
停止按钮 S02	X1	甲卸料接触器 KM_2	Y1
开关 SQ_1	X2	乙卸料接触器 KM_3	Y2
开关 SQ_2	X3	向后接触器 KM_4	Y3
开关 SQ_3	X4	车卸料接触器 KM_5	Y4
选择按钮 SB9	X5		
选择按钮 SB10	X6		

（2）画出 I/O 接线图。

（3）根据控制要求画出状态转移图、梯形图，写出语句表。

（4）调试控制程序。

（5）运料小车控制的参考状态转移图如图 6.14 所示。

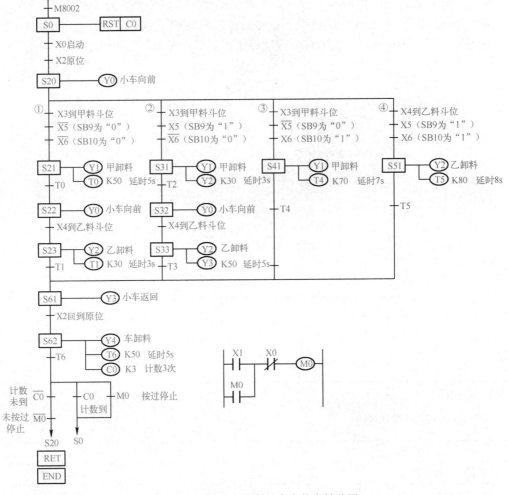

图 6.14　运料小车控制的参考状态转移图

实训2　用 PLC 控制自动喷漆过程

1. 控制要求

按 S03（红色）、S04（黄色）、S05（绿色）选择按钮选择要喷漆的颜色（只有在工艺停止的状态下才可以进行），由 Y1（红色）、Y2（黄色）、Y3（绿色）分别控制喷漆的颜色，按 S01 启动按钮启动流水线，轿车到一号位，由 PC 发出一号位到位信号，流水线停止，延时 1s，一号门开启，延时 2s，流水线重新启动，轿车到二号位，由 PC 发出二号位到位信号，流水线停止，一号门关闭，延时 2s，开始喷漆，延时 6s，二号门开启，延时 2s，流水线重新启动，轿车到三号位，由 PC 发出三号位到位信号，二号门关闭，计数器累加 1，继续开始第二辆轿车。当计数器累加到 3 时，延时 4s，整个工艺停止，计数器自动清零。当按下 S02 停止按钮时，轿车到三号位后，延时 4s，整个工艺停止，计数器自动清零。自动喷漆工艺图如图 6.15 所示。

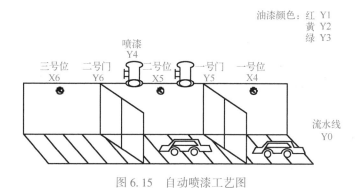

图 6.15　自动喷漆工艺图

2. 实训内容和步骤

（1）输入/输出端口配置。

输　　　入		输　　　出	
设　　备	端口编号	设　　备	端口编号
启动按钮 S01	X0	流水线运行	Y0
选择红色按钮 S03	X1	红色喷漆	Y1
选择黄色按钮 S04	X2	黄色喷漆	Y2
选择绿色按钮 S05	X3	绿色喷漆	Y3
一号位到位信号	X4	喷漆阀门开启	Y4
二号位到位信号	X5	一号门开启	Y5
三号位到位信号	X6	二号门开启	Y6
停止按钮 S02	X7		

（2）画出 I/O 接线图。

（3）根据控制要求画出状态转移图、梯形图，写出语句表。

（4）调试控制程序。

（5）自动喷漆控制的参考状态转移图如图 6.16 所示。

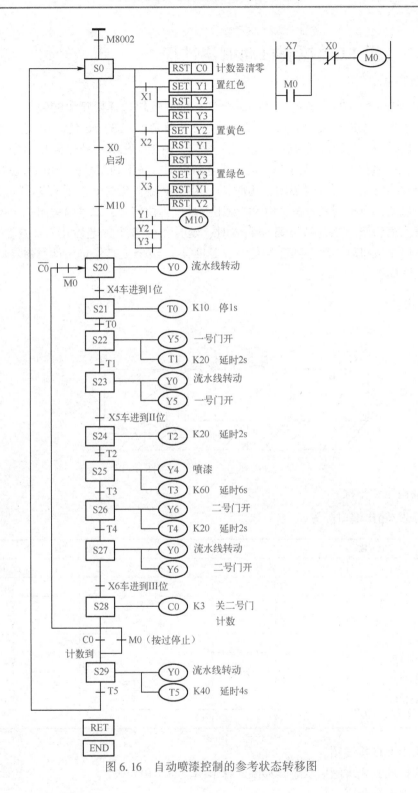

图 6.16　自动喷漆控制的参考状态转移图

实训 3　半自动钻孔工作站的顺序控制

具有三个工位和一个旋转圆盘的工作站如图 6.17 所示，其工作流程是：当按下启动按钮后，系统开始运行，三个工位同时投入各自的工作顺序，即装工件、钻孔和卸工件。当三个工位都进入等待状态后，料盘旋转 120°，等待新一轮工件的加工。

1. 控制要求

各工位的具体工作顺序如下所述。

工位 1：推料杆将料推进，料到位后退回，退回到位后等待。

工位 2：将工件夹紧后，钻头下钻，下钻到位后退出，退回到位后，放松工件，完全放松后，进入等待状态。

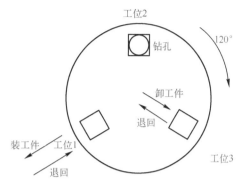

图 6.17　三工位半自动化钻孔工作站示意图

工位 3：深度计下降，如在某一时间间隔（2s）内下降到某一位置，深度计返回，返回到位后，推料杆退回，退回到位后等待。如深度计在上述时间间隔以外仍未下降到位，深度计返回，退回到位后，手动卸下工件（报废），卸下工件后按下卸毕开关进入等待状态。

2. 实训内容和步骤

（1）输入/输出端口配置。

输　　入		输　　出	
设　　备	端口编号	设　　备	端口编号
启动信号	X0	推进	Y0
到位	X1	退回	Y1
退毕	X2	夹紧	Y2
夹紧完成	X3	钻	Y3
钻到位	X4	钻上	Y4
到顶	X5	放松	Y5
放松毕	X6	深度计下	Y6
深度计到底	X7	深度计上	Y7
深度计到顶	X10	卸件	Y10
卸毕	X11	返回	Y11
手动复位	X12	转 120°	Y12
转毕	X13	定时器	T0
返毕	X14		

（2）画出 I/O 接线图。

（3）根据控制要求画出状态转移图、梯形图，写出语句表。

（4）调试控制程序。

（5）三工位半自动钻孔工作站的顺序控制参考状态转移图如图 6.18 所示。

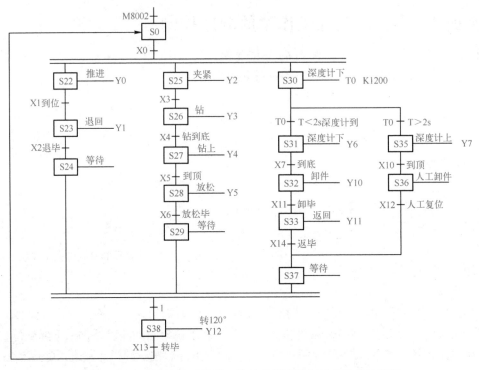

图 6.18　三工位半自动钻孔工作站的顺序控制参考状态转移图

实训 4　输送带自动控制系统

1. 控制要求

（1）按下启动按钮 SB1，电动机 M1、M2 启动，驱动输送带 1、2 工作，按下停止按钮 SB2，输送带停车。

（2）当工件到达转运点 A 时，SQ₁ 动作使输送带 1 停止，同时汽缸 1 动作将工件推上输送带 2，汽缸采用自动归位型，由电磁阀控制，得电动作，失电自动归位，SQ₂ 用于检测汽缸 1 是否动作到位，汽缸归位后输送带方可启动，归位时间 5s。

（3）当工件到达搬动点 B 时，SQ₃ 动作使输送带 2 停止，同时汽缸动作，将工件推上小车。SQ₄ 用于检测汽缸 2 是否动作到位，汽缸归位后，输送带方可启动，归位时间 5s。输送带自动控制系统示意图如图 6.19 所示。

（4）重复上述动作。

2. 实训内容和步骤

（1）输入/输出端口配置。

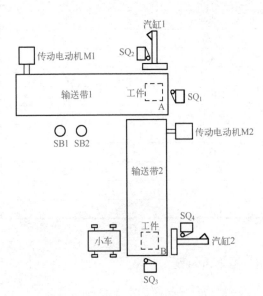

图 6.19　输送带自动控制系统示意图

输　　　入		输　　　出	
设　　备	端口编号	设　　备	端口编号
SB1	X0	M1	Y0
SB2	X1	M2	Y1
SQ_1	X2	汽缸 1	Y2
SQ_2	X3	汽缸 2	Y3
SQ_3	X4		
SQ_4	X5		

（2）画出 I/O 接线图。

（3）根据控制要求画出状态转移图、梯形图，写出语句表。

（4）调试控制程序。

（5）此题作为自行设计题由学生完成。

思考与练习

6.1　选择性分支状态转移图如图 6.20 所示，请对其进行编程。

6.2　选择性分支状态转移图如图 6.21 所示，请对其进行编程。

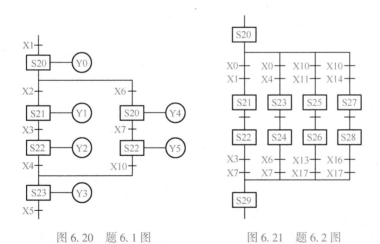

图 6.20　题 6.1 图　　　　　图 6.21　题 6.2 图

6.3　并行性分支状态转移图如图 6.22 所示，请对其进行编程。

6.4　并行性分支状态转移图如图 6.23 所示，请对其进行编程。

6.5　状态转移图如图 6.24 所示，请对其进行编程。

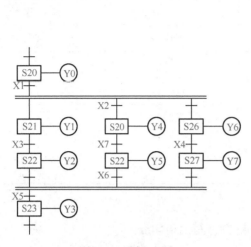

图 6.22　题 6.3 图

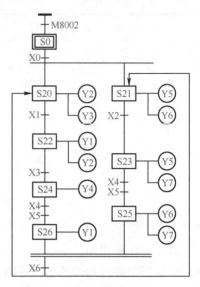

图 6.23　题 6.4 图

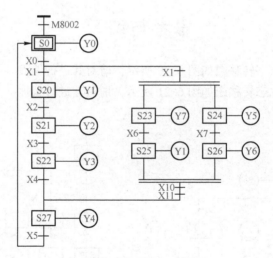

图 6.24　题 6.5 图

6.6　如图 6.25 所示为化工加热反应釜的结构示意图，图中 Y1、Y2、Y3、Y4 为电磁阀，ST（X0）为温度传感器，SP（X1）为压力传感器，SL1（X2）和 SL2（X3）为液位传感器。对该控制系统的控制要求如下所述。

（1）初始时，所有电磁阀关闭，液面低于 SL2，加热器 KM（Y5）停止。

（2）打开排气阀 Y1 和进料阀 Y2。

（3）当液体上升到 SL1 时，关闭排气阀 Y1 和进料阀 Y2。

（4）延时 20s，开启氮气阀 Y3，直到压力传感器 SP＝1 时，关闭 Y3。

（5）接通 KM（Y5）进行加热，直到温度传感器 ST＝1 时，关闭 Y5。延时 10s，加热过程结束。

（6）同时打开排气阀和泄放阀，直到压力 SP＝0，低液位 SL2＝0，关闭泄放阀和排气阀，系统恢复到原始状态，准备下一次循环。

（7）按下启动按钮，系统开始工作；按下停止按钮，系统必须在一个循环的工作结束后才能停下来。

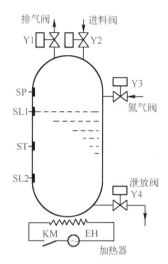

图 6.25　化工加热反应釜的结构示意图

试写出 I/O 地址分配表；画出状态转移图；写出指令表。

第7章 专项职业技能 PLC 实训

219

本章要点

1. 单流程步进指令。
2. 状态三要素法。
3. 绘制状态转移图编程方法。
4. 多流程步进指令控制的编程方法。
5. 单流程步进指令、多流程步进指令控制的应用。

实训 1   运料小车的 PLC 控制

1. 操作内容

启动按钮 SB_1 用来开启运料小车，停止按钮 SB_2 用来手动停止运料小车。按下 SB_1，小车从原点启动，KM_1 接触器吸合使小车向前运行，直到碰到 SQ_2 开关停止，KM_2 接触器吸合使甲料斗装料 5s，然后小车继续向前运行，直到碰到 SQ_3 开关停止，此时 KM_3 接触器吸合使乙料斗装料 3s，随后 KM_4 接触器吸合，小车返回原点，直到碰到 SQ_1 开关停止，KM_5 接触器吸合使小车卸料 5s 后完成一次循环。PLC 控制运料小车示意图如图 7.1 所示。

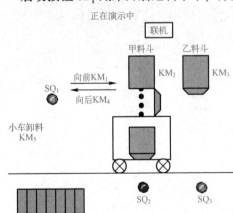

图 7.1   PLC 控制运料小车示意图

2. 控制要求

按下启动按钮 SB_1 后，小车连续做 3 次循环后自动停止，中途按下停止按钮 SB_2，小车完成一次循环后停止。

输入/输出端口配置

输 入 设 备	输入端口编号	接考核箱对应端口	输 出 设 备	输出端口编号	接考核箱对应端口
启动按钮 SB_1	X0	SB_1	向前接触器 KM_1	Y0	
停止按钮 SB_2	X1	SB_2	甲卸料接触器 KM_2	Y1	

续表

输 入 设 备	输入端口编号	接考核箱对应端口	输 出 设 备	输出端口编号	接考核箱对应端口
开关 SQ$_1$	X2	SB$_3$	乙卸料接触器 KM$_3$	Y2	
开关 SQ$_2$	X3	SB$_4$	向后接触器 KM$_4$	Y3	
开关 SQ$_3$	X4	SB$_5$	车卸料接触器 KM$_5$	Y4	

3. 操作要求

（1）按工艺要求画出状态转移图（功能图）、梯形图，写出语句表。

（2）画出 I/O 接线图。

（3）输入程序并进行调试。

（4）参考状态转移图（功能图）、梯形图及语句表如图 7.2 所示。

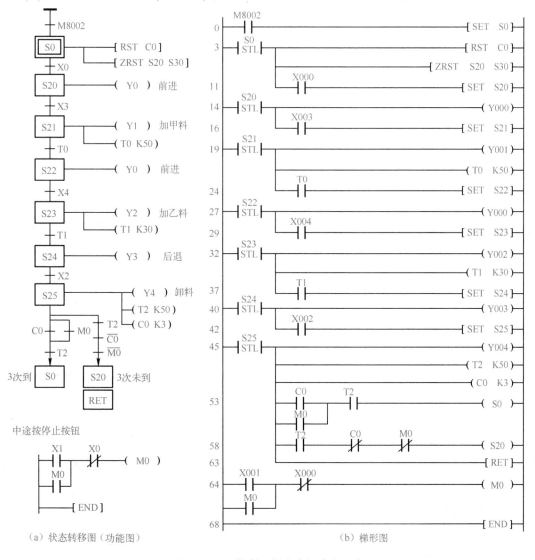

（a）状态转移图（功能图）　　　（b）梯形图

图 7.2　PLC 控制运料小车的参考程序

0	LD	M8002		38	SET	S24	
1	SET	S0		40	STL	S24	
3	STL	S0		41	OUT	Y003	
4	RST	C0		42	LD	X002	
6	ZRST	S20	S30	43	SET	S25	
11	LD	X000		45	STL	S25	
12	SET	S20		46	OUT	Y004	
14	STL	S20		47	OUT	T2	K50
15	OUT	Y000		50	OUT	C0	K3
16	LD	X003		53	LD	C0	
17	SET	S21		54	OR	M0	
19	STL	S21		55	AND	T2	
20	OUT	Y001		56	OUT	S0	
21	OUT	T0	K50	58	LD	T2	
24	LD	T0		59	ANI	C0	
25	SET	S22		60	ANI	M0	
27	STL	S22		61	OUT	S20	
28	OUT	Y000		63	RET		
29	LD	X004		64	LD	X001	
30	SET	S23		65	OR	M0	
32	STL	S23		66	ANI	X000	
33	OUT	Y002		67	OUT	M0	
34	OUT	T1	K30	68	END		
37	LD	T1					

（c）语句表

图 7.2 PLC 控制运料小车的参考程序（续）

实训 2 机械滑台的 PLC 控制

1. 操作内容

机械滑台上带有主轴动力头，在操作面板上装有启动按钮 SB$_1$ 和停止按钮 SB$_2$。工艺流程如下所述。

（1）当工作台在原始位置时，按下启动按钮 SB$_1$，电磁阀 YV1 得电，工作台快进，同时由接触器 KM$_1$ 驱动的动力头电动机 M 启动。

（2）当工作台快进到达 A 点时，行程开关 SI4 被压合，YV1、YV2 得电，工作台由快进切换成工进，进行切削加工。

（3）当工作台工进到达 B 点时，SI6 动作，工进结束，YV1、YV2 失电，同时工作台停留 3s，当 3s 时间到时，YV3 得电，工作台横向退刀，同时主轴电动机 M 停转。

（4）当工作台到达 C 点时，行程开关 SI5 被压合，此时 YV3 失电，横退结束，YV4 得电，工作台纵向退刀。

（5）工作台退到 D 点碰到开关 SI2，YV4 失电，纵向退刀结束，此时 YV5 得电，工作台横向进给直到原点，压合开关 SI1，此时 YV5 失电，完成一次循环。PLC 控制机械滑台示意图如图 7.3 所示。

2. 控制要求

按下启动按钮 SB$_1$ 后，工作台连续做 3 次循环后自动停止，中途按下停止按钮 SB$_2$，工作台立即停止运行，并按原路径返回，直到压合开关 SI1 才能停止；当再次按下启动按钮 SB$_1$ 时，工作台重新计数运行。

3. 操作要求

（1）按工艺要求画出状态转移图（功能图）、梯形图，写出语句表。

（2）画出 I/O 接线图。

（3）输入程序并进行调试。

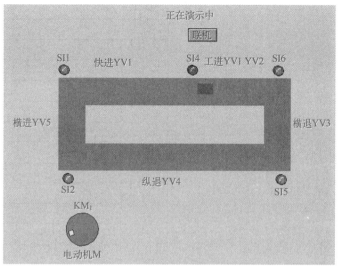

图 7.3　PLC 控制机械滑台示意图

输入/输出端口配置

输 入 设 备	输入端口编号	接考核箱对应端口	输 出 设 备	输出端口编号	接考核箱对应端口
启动按钮 SB$_1$	X0	SB$_1$	主轴电动机接触器 KM$_1$	Y0	
停止按钮 SB$_2$	X1	SB$_2$	电磁阀 YV1	Y1	
行程开关 SI1	X2	计算机和 PLC 自动连接	电磁阀 YV2	Y2	
行程开关 SI4	X3	计算机和 PLC 自动连接	电磁阀 YV3	Y3	
行程开关 SI6	X4	计算机和 PLC 自动连接	电磁阀 YV4	Y4	
行程开关 SI5	X5	计算机和 PLC 自动连接	电磁阀 YV5	Y5	
行程开关 SI2	X6	计算机和 PLC 自动连接			

（4）参考状态转移图（功能图）、梯形图和语句表如图 7.4 所示。

实训 3　用 PLC 控制机械手

1. 操作内容

（1）机械手"取与放"搬运系统，定义原点为左上方所达到的极限位置，其左限位开关闭合，上限位开关闭合，机械手处于放松状态。

（2）搬运过程是机械手把工件从 A 处搬到 B 处。

（3）上升和下降、左移和右移均由电磁阀驱动汽缸来实现。

（4）当工件处于 B 处上方准备下放时，为确保安全，用光电开关检测 B 处有无工件。只有当 B 处无工件时，才能发出下放信号。

（5）机械手工作过程：启动机械手，下降到 A 处位置→夹紧工件→夹住工件上升到顶端→机械手横向移动到右端，进行光电检测→下降到 B 处位置→机械手放松，把工件放到 B 处→机械手上升到顶端→机械手横向移动返回到左端原点处。PLC 控制机械手示意图如图 7.5 所示。

2. 控制要求

按下启动按钮 SB$_1$ 后，机械手连续做 3 次循环后自动停止，中途按下停止按钮 SB$_2$，机械手完成一次循环后才能停止。

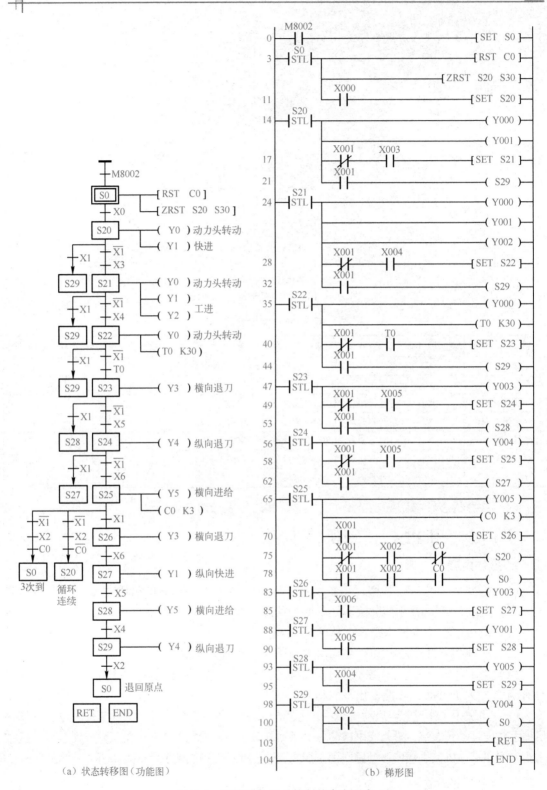

图 7.4　机械滑台 PLC 控制的参考程序

（a）状态转移图（功能图）　　　　（b）梯形图

0	LD	M8002		56	STL	S24	
1	SET	S0		57	OUT	Y004	
3	STL	S0		58	LDI	X001	
4	RST	C0		59	AND	X006	
6	ZRST	S20	S30	60	SET	S25	
11	LD	X000		62	LD	X001	
12	SET	S20		63	OUT	S27	
14	STL	S20		65	STL	S25	
15	OUT	Y000		66	OUT	Y005	
16	OUT	Y001		67	OUT	C0	K3
17	LDI	X001		70	LD	X001	
18	AND	X003		71	SET	S26	
19	SET	S21		73	LDI	X001	
21	LD	X001		74	AND	X002	
22	OUT	S29		75	ANI	C0	
24	STL	S21		76	OUT	S20	
25	OUT	Y000		78	LDI	X001	
26	OUT	Y001		79	AND	X002	
27	OUT	Y002		80	AND	C0	
28	LDI	X001		81	OUT	S0	
29	AND	X004		83	STL	S26	
30	SET	S22		84	OUT	Y003	
32	LD	X001		85	LD	X006	
33	OUT	S29		86	SET	S27	
35	STL	S22		88	STL	S27	
36	OUT	Y000		89	OUT	Y001	
37	OUT	T0	K30	90	LD	X005	
40	LDI	X001		91	SET	S28	
41	AND	T0		93	STL	S28	
42	SET	S23		94	OUT	Y005	
44	LD	X001		95	LD	X004	
45	OUT	S29		96	SET	S29	
47	STL	S23		98	STL	S29	
48	OUT	Y003		99	OUT	Y004	
49	LDI	X001		100	LD	X002	
50	AND	X005		101	OUT	S0	
51	SET	S24		103	RET		
53	LD	X001		104	END		
54	OUT	S28					

（c）语句表

图 7.4　机械滑台 PLC 控制的参考程序（续）

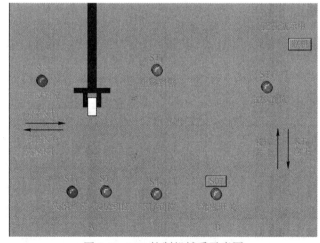

图 7.5　PLC 控制机械手示意图

输入/输出端口配置

输 入 设 备	输入端口编号	接考核箱对应端口	输 出 设 备	输出端口编号	接考核箱对应端口
启动按钮 SB_1	X10	SB_1	下降电磁阀 KT_0	Y0	
停止按钮 SB_2	X11	SB_2	上升电磁阀 KT_1	Y1	
下移到位 ST_0	X2	计算机和 PLC 自动连接	右移电磁阀 KT_2	Y2	
夹紧到位 ST_1	X3	计算机和 PLC 自动连接	左移电磁阀 KT_3	Y3	

续表

输 入 设 备	输入端口编号	接考核箱对应端口	输 出 设 备	输出端口编号	接考核箱对应端口
上移到位 ST$_2$	X4	计算机和 PLC 自动连接	夹紧电磁阀 KT$_4$	Y4	
右移到位 ST$_3$	X5	计算机和 PLC 自动连接			
放松到位 ST$_4$	X6	计算机和 PLC 自动连接			
左移到位 ST$_5$	X7	计算机和 PLC 自动连接			
光电检测开关 S07	X0	SB$_9$			

3. 操作要求

（1）按工艺要求画出状态转移图（功能图）、梯形图，写出语句表。

（2）画出 I/O 接线图。

（3）输入程序并进行调试。

（4）参考状态转移图（功能图）、梯形图和语句表如图 7.6 所示。

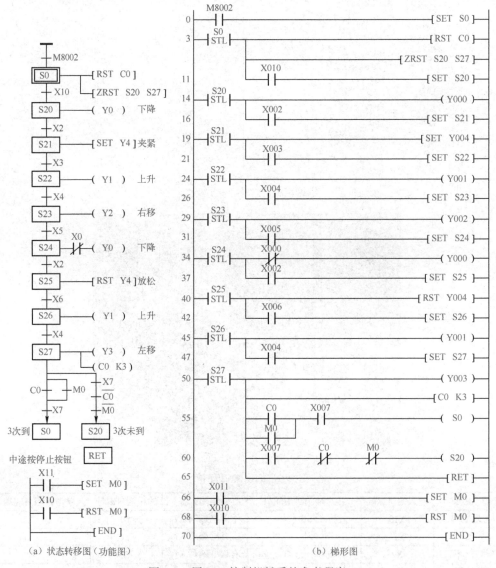

（a）状态转移图（功能图）　　　　（b）梯形图

图 7.6　用 PLC 控制机械手的参考程序

0	LD	M8002		38	SET	S25	
1	SET	S0		40	STL	S25	
3	STL	S0		41	RST	Y004	
4	RST	C0		42	LD	X006	
6	ZRST	S20	S27	43	SET	S26	
11	LD	X010		45	STL	S26	
12	SET	S20		46	OUT	Y001	
14	STL	S20		47	LD	X004	
15	OUT	Y000		48	SET	S27	
16	LD	X002		50	STL	S27	
17	SET	S21		51	OUT	Y003	
19	STL	S21		52	OUT	C0	K3
20	SET	Y004		55	LD	C0	
21	LD	X003		56	OR	M0	
22	SET	S22		57	AND	X007	
24	STL	S22		58	OUT	S0	
25	OUT	Y001		60	LD	X007	
26	LD	X004		61	ANI	C0	
27	SET	S23		62	ANI	M0	
29	STL	S23		63	OUT	S20	
30	OUT	Y002		65	RET		
31	LD	X005		66	LD	X011	
32	SET	S24		67	SET	M0	
34	STL	S24		68	LD	X010	
35	LDI	X000		69	RST	M0	
36	OUT	Y000		70	END		
37	LD	X002					

（c）语句表

图 7.6　用 PLC 控制机械手的参考程序（续）

实训 4　用 PLC 控制混料罐

1. 操作内容

（1）有一混料罐装有两个进料泵，控制两种液料的进罐，装有一个出料泵，控制混合料出罐，另有一个混料泵用于搅拌液料，罐体上装有三个液位检测开关 SI1、SI4、SI6，分别送出罐内液位低、中、高的检测信号，罐内与检测开关对应处有一只装有磁钢的浮球作为液面指示器（浮球到达开关位置时开关吸合，离开时开关释放）。用 PLC 控制混料罐的示意图如图 7.7 所示。

在操作面板上设有一个混料配方选择开关 SB_9，用于选择配方 1 或配方 2；设有一个启动按钮 SB_1，当按下 SB_1 后，混料罐按照给定的工艺流程开始运行；设有一个停止按钮 SB_2，作为流程的停运开关。

（2）混料罐的工艺流程如下。

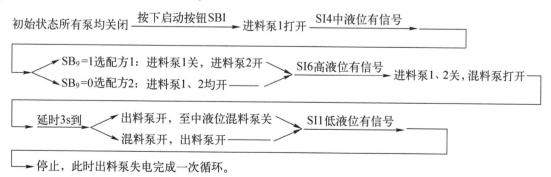

初始状态所有泵均关闭　按下启动按钮SB1　进料泵1打开　SI4中液位有信号

SB₉=1选配方1：进料泵1关，进料泵2开　SI6高液位有信号

SB₉=0选配方2：进料泵1、2均开　进料泵1、2关，混料泵打开

延时3s到　出料泵开，至中液位混料泵关　SI1低液位有信号

混料泵开，出料泵开

停止，此时出料泵失电完成一次循环。

图 7.7　用 PLC 控制混料罐示意图

2. 控制要求

按下启动按钮后混料罐连续循环，按下停止按钮 SB_2 后混料罐立即停止；当再次按下启动按钮 SB_1 时，混料罐继续运行。

输入/输出端口配置

输 入 设 备	输入端口编号	接考核箱对应端口	输 出 设 备	输出端口编号	接考核箱对应端口
高液位检测开关 SI6	X0	计算机和 PLC 自动连接	进料泵 1	Y0	
中液位检测开关 SI4	X1	计算机和 PLC 自动连接	进料泵 2	Y1	
低液位检测开关 SI1	X2	计算机和 PLC 自动连接	混料泵	Y2	
启动按钮 SB_1	X3	SB_1	出料泵	Y3	
停止按钮 SB_2	X4	SB_2			
配方选择开关 SB_9	X5	SB_9			

3. 操作要求

（1）按工艺要求画出状态转移图（功能图）、梯形图，写出语句表。

（2）画出 I/O 接线图。

（3）输入程序并进行调试。

（4）参考状态转移图（功能图）、梯形图和语句表如图 7.8 所示。

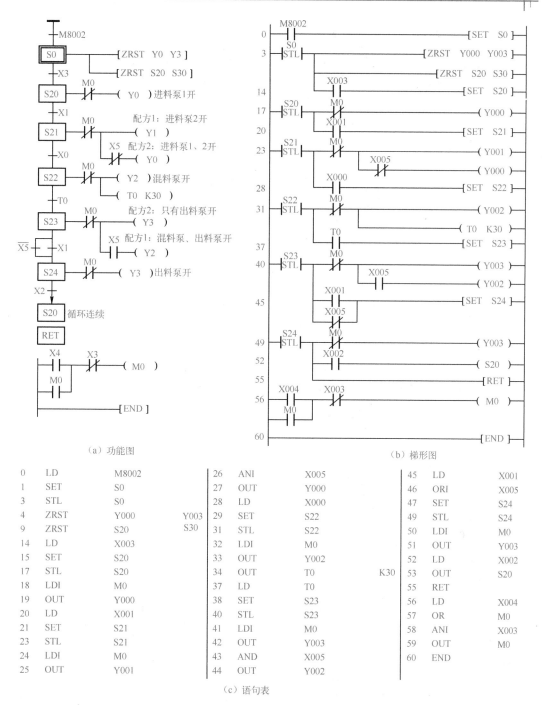

（a）功能图　　　　　　　　　　　　　（b）梯形图

0	LD	M8002		26	ANI	X005		45	LD	X001
1	SET	S0		27	OUT	Y000		46	ORI	X005
3	STL	S0		28	LD	X000		47	SET	S24
4	ZRST	Y000	Y003	29	SET	S22		49	STL	S24
9	ZRST	S20	S30	31	STL	S22		50	LDI	M0
14	LD	X003		32	LDI	M0		51	OUT	Y003
15	SET	S20		33	OUT	Y002		52	LD	X002
17	STL	S20		34	OUT	T0	K30	53	OUT	S20
18	LDI	M0		37	LD	T0		55	RET	
19	OUT	Y000		38	SET	S23		56	LD	X004
20	LD	X001		40	STL	S23		57	OR	M0
21	SET	S21		41	LDI	M0		58	ANI	X003
23	STL	S21		42	OUT	Y003		59	OUT	M0
24	LDI	M0		43	AND	X005		60	END	
25	OUT	Y001		44	OUT	Y002				

（c）语句表

图 7.8　用 PLC 控制混料罐参考程序

实训 5　用 PLC 控制红绿灯运行

1. 操作内容

设置一个启动开关 SB_1，当 SB_1 接通时，信号灯控制系统开始工作，且先南北红灯亮，东西绿灯亮。设置一个停止开关 SB_2。用 PLC 控制红绿灯运行的示意图如图 7.9 所示。

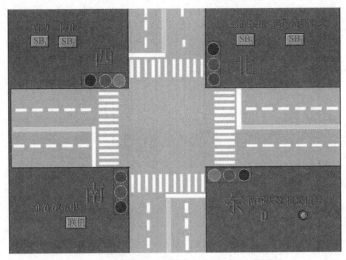

图 7.9　用 PLC 控制红绿灯运行示意图

工艺流程如下。

（1）南北红灯亮并保持 15s，同时东西绿灯亮，但保持 10s，到 10s 时东西绿灯闪烁 3 次（每周期 1s）后熄灭；随后东西黄灯亮，并保持 2s，到 2s 后，东西黄灯熄灭，东西红灯亮，同时南北红灯熄灭和南北绿灯亮。

（2）东西红灯亮并保持 10s，同时南北绿灯亮，但保持 5s，到 5s 时南北绿灯闪烁 3 次（每周期 1s）后熄灭；随后南北黄灯亮，并保持 2s，到 2s 后，南北黄灯熄灭，南北红灯亮，同时东西红灯熄灭和东西绿灯亮。

（3）上述过程为一次循环；当强制按钮 SB₃ 接通时，南北黄灯和东西黄灯同时亮，并不断闪烁（每周期 2s）；同时将控制台指示灯点亮并关闭信号灯控制系统。控制台指示灯及强制闪烁的黄灯在下一次启动时熄灭。

2. 控制要求

按下启动按钮 SB₁ 后，红绿灯连续循环，按下停止按钮 SB₂ 后，红绿灯立即停止；当再次按下启动按钮 SB₁ 后，红绿灯重新运行。

输入/输出端口配置

输 入 设 备	输入端口编号	接考核箱对应端口	输 出 设 备	输出端口编号	接考核箱对应端口
启动按钮 SB₁	X0	SB₁	南北红灯	Y0	
停止按钮 SB₂	X1	SB₂	东西绿灯	Y1	
强制按钮 SB₃	X3	SB₃	东西黄灯	Y2	
			东西红灯	Y3	
			南北绿灯	Y4	
			南北黄灯	Y5	
			控制台指示灯	Y6	

3. 操作要求

（1）按工艺要求画出状态转移图（功能图）、梯形图，写出语句表。

（2）画出 I/O 接线图。

（3）输入程序并进行调试。

（4）参考状态转移图（功能图）、梯形图和语句表如图7.10所示。

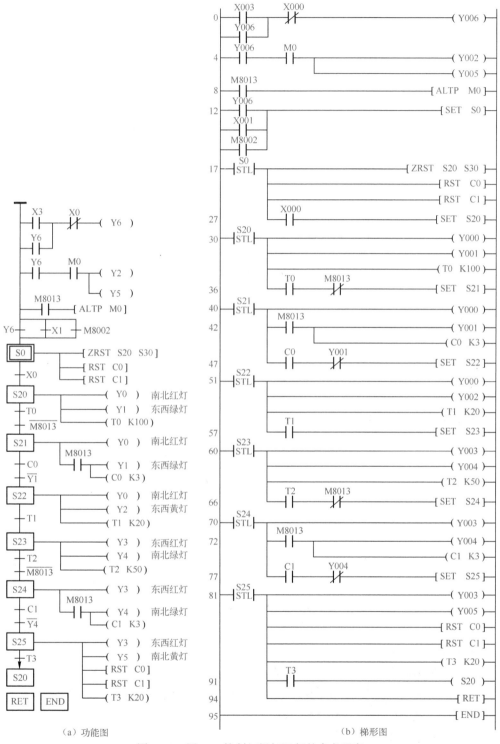

（a）功能图　　　　　　　　　　　　　（b）梯形图

图 7.10　用 PLC 控制红绿灯运行的参考程序

0	LD	X003		48	ANI	Y001	
1	OR	Y006		49	SET	S22	
2	ANI	X000		51	STL	S22	
3	OUT	Y006		52	OUT	Y000	
4	LD	Y006		53	OUT	Y002	
5	AND	M0		54	OUT	T1	K20
6	OUT	Y002		57	LD	T1	
7	OUT	Y005		58	SET	S23	
8	LD	M8013		60	STL	S23	
9	ALTP	M0		61	OUT	Y003	
12	LD	Y006		62	OUT	Y004	
13	OR	X001		63	OUT	T2	K50
14	OR	M8002		66	LD	T2	
15	SET	S0		67	ANI	M8013	
17	STL	S0		68	SET	S24	
18	ZRST	S20	S30	70	STL	S24	
23	RST	C0		71	OUT	Y003	
25	RST	C1		72	LD	M8013	
27	LD	X000		73	OUT	Y004	
28	SET	S20		74	OUT	C1	K3
30	STL	S20		77	LD	C1	
31	OUT	Y000		78	ANI	Y004	
32	OUT	Y001		79	SET	S25	
33	OUT	T0	K100	81	STL	S25	
36	LD	T0		82	OUT	Y003	
37	ANI	M8013		83	OUT	Y005	
38	SET	S21		84	RST	C0	
40	STL	S21		86	RST	C1	
41	OUT	Y000		88	OUT	T3	K20
42	LD	M8013		91	LD	T3	
43	OUT	Y001		92	OUT	S20	
44	OUT	C0	K3	94	RET		
47	LD	C0		95	END		

（c）语句表

图 7.10　用 PLC 控制红绿灯运行的参考程序（续）

实训 6　用 PLC 控制喷水池的动作

1. 控制要求

喷水池工艺图如图 7.11 所示。喷水池有红、黄、蓝三色灯，两个喷水龙头 A 和 B，一个带动龙头移动的电磁阀 KM$_1$，按下启动按钮 S01 开始动作，喷水池的动作以 45s 为一个循环，每 5s 为一个节拍，连续工作 3 次后，停止 10s，如此不断循环，直到按下停止按钮 S02 后，完成一个循环，整个工艺停止。

灯、喷水龙头和电磁阀的动作安排见下面的状态表，状态表中在该设备有输出的节拍下画横线，无输出为空白。

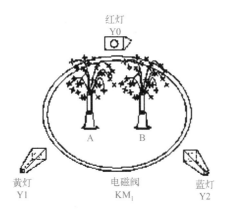

图 7.11　喷水池工艺图

状态表

设　　备	1	2	3	4	5	6	7	8	9
红　　灯		—					—		
黄　　灯				—	—			—	
蓝　　灯				—	—				
喷水龙头 A					—	—		—	—
喷水龙头 B		—	—			—	—		
电 磁 阀									

2. 实训要求

输入/输出端口配置

输　　入		输　　出	
设　　备	端口编号	设　　备	端口编号
启动按钮 S01	X0	红灯	Y0
停止按钮 S02	X1	黄灯	Y1
		蓝灯	Y2
		喷水龙头 A	Y3
		喷水龙头 B	Y4
		电磁阀	Y5

3. 操作要求

（1）按工艺要求画出状态转移图（功能图）、梯形图，写出语句表。

（2）画出 I/O 接线图。

（3）输入程序并进行调试。

（4）参考状态转移图（功能图）、梯形图和语句表如图 7.12 所示。

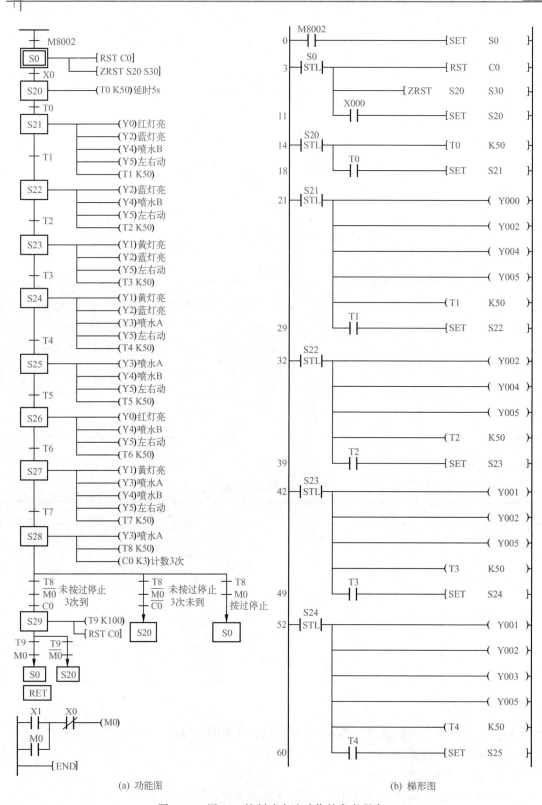

(a) 功能图   (b) 梯形图

图 7.12   用 PLC 控制喷水池动作的参考程序

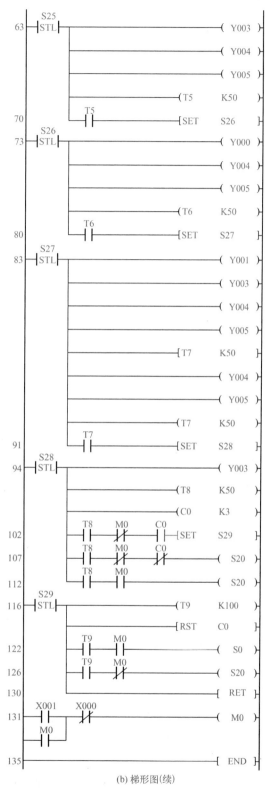

(b) 梯形图(续)

图 7.12 用 PLC 控制喷水池动作的参考程序 (续)

0	LD	M8002	
1	SET	S0	
2	STL	S0	
4	RST	C0	
6	ZRST	S20	S30
11	LD	X000	
12	SET	S20	
14	STL	S20	
15	OUT	T0	K50
18	LD	T0	
19	SET	S21	
21	STL	S21	
22	OUT	Y000	
23	OUT	Y002	
24	OUT	Y004	
25	OUT	Y005	
26	OUT	T1	K50
29	LD	T1	
30	SET	S22	
32	STL	S22	
33	OUT	Y002	
34	OUT	Y004	
35	OUT	Y005	
36	OUT	T2	K50
39	LD	T2	
40	SET	S23	
42	STL	S23	
43	OUT	Y001	
44	OUT	Y002	
45	OUT	Y005	
46	OUT	T3	K50
49	LD	T3	
50	SET	S24	
52	STL	S24	
53	OUT	Y001	
54	OUT	Y002	
55	OUT	Y003	
56	OUT	Y005	
57	OUT	T4	K50
60	LD	T4	
61	SET	S25	
63	STL	S25	
64	OUT	Y003	
65	OUT	Y004	
66	OUT	Y005	
67	OUT	T5	K50
70	LD	T5	
71	SET	S26	
73	STL	S26	
74	OUT	Y000	
75	OUT	Y004	
76	OUT	Y005	
77	OUT	T6	K50
80	LD	T6	
81	SET	S27	
83	STL	S27	
84	OUT	Y001	
85	OUT	Y003	
86	OUT	Y004	
87	OUT	Y005	
88	OUT	T7	K50
91	LD	T7	
92	SET	S28	
94	STL	S28	
95	OUT	Y003	
96	OUT	T8	K50
99	OUT	C0	K3
102	LD	T8	
103	ANI	M0	
104	AND	C0	
105	SET	M29	
107	LD	T8	
108	ANI	M0	
109	ANI	C0	
110	OUT	S20	
112	LD	T8	
113	AND	M0	
114	OUT	S0	
116	STL	S29	
117	OUT	T9	K100
120	RST	C0	
122	LD	T9	
123	AND	M0	
124	OUT	S0	
126	LD	T9	
127	ANI	M0	
128	OUT	S20	
130	RET		
131	LD	X001	
132	OR	M0	
133	ANI	X000	
134	OUT	M0	
135	END		

(c) 语句表

图 7.12　用 PLC 控制喷水池动作的参考程序（续）

实训 7　用 PLC 控制传送带的动作

1. 操作内容

用 PLC 控制传送带动作的示意图如图 7.13 所示。

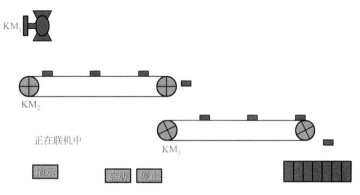

图 7.13　用 PLC 控制传送带动作的示意图

2. 控制要求

（1）启动时，为了避免在后段传送带上造成物料堆积，要求以逆物料流动方向按一定时间间隔顺序启动，其启动顺序为：按下启动按钮 SB_1，第二条传送带的电磁阀 KM_3 吸合，延时 3s，第一条传送带的电磁阀 KM_2 吸合，延时 3s，卸料斗的磁阀 KM_1 吸合。

（2）停止时，卸料斗的电磁阀 KM_1 尚未吸合时，电磁阀 KM_2、KM_3 可立即停止，当卸料斗电磁阀 KM_1 吸合时，为了使传送带上不残留物料，要求顺物料流动方向按一定时间间隔顺序停止，其停止顺序为：按下停止按钮 SB_2，卸料斗的电磁阀 KM_1 断开，延时 6s，第一条传送带的电磁阀 KM_2 断开，此后再延时 6s，第二条传送带的电磁阀 KM_3 断开。

（3）故障停止，在正常运转中，当第二条传送带的电动机发生故障时，（热继电器 FR_2 触点断开），卸料斗、第一条传送带、第二条传送带同时停止；当第一条传送带的电动机发生故障时（热继电器 FR_1 触点断开），卸料斗、第一条传送带同时停止，经 6s 延时后，第二条传送带再停止。

输入/输出端口配置

输入设备	输入端口编号	接考核箱对应端口	输出设备	输出端口编号	接考核箱对应端口
启动按钮 SB_1	X0	SB_1	电磁阀 KM_1	Y0	
停止按钮 SB_2	X1	SB_2	电磁阀 KM_2	Y1	
热继电器 FR_1（常闭）	X2	SB_9	电磁阀 KM_3	Y2	
热继电器 FR_2（常闭）	X3	SB_{10}			

3. 操作要求

（1）按工艺要求画出状态转移图（功能图）、梯形图，写出语句表。

（2）画出 I/O 接线图。

（3）输入程序并进行调试。

（4）参考状态转移图（功能图）、梯形图和语句表如图 7.14 所示。

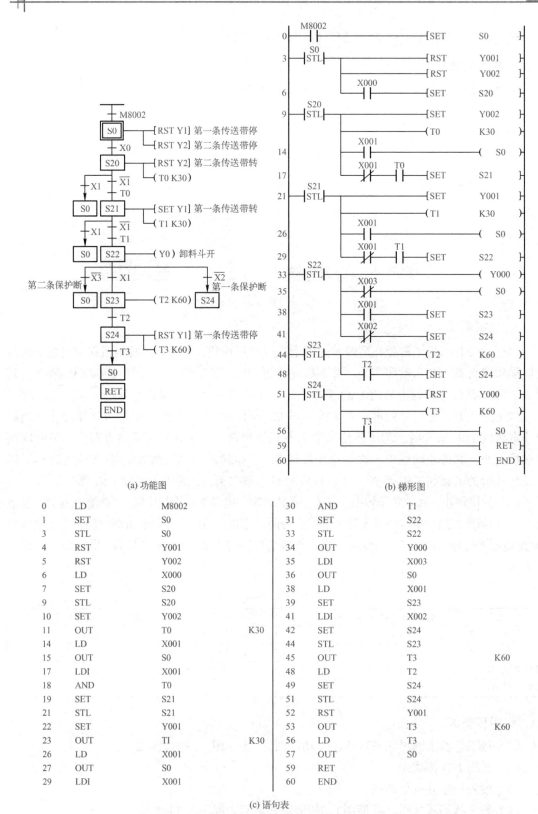

(a) 功能图

(b) 梯形图

0	LD	M8002			30	AND	T1	
1	SET	S0			31	SET	S22	
3	STL	S0			33	STL	S22	
4	RST	Y001			34	OUT	Y000	
5	RST	Y002			35	LDI	X003	
6	LD	X000			36	OUT	S0	
7	SET	S20			38	LD	X001	
9	STL	S20			39	SET	S23	
10	SET	Y002			41	LDI	X002	
11	OUT	T0	K30		42	SET	S24	
14	LD	X001			44	STL	S23	
15	OUT	S0			45	OUT	T3	K60
17	LDI	X001			48	LD	T2	
18	AND	T0			49	SET	S24	
19	SET	S21			51	STL	S24	
21	STL	S21			52	RST	Y001	
22	SET	Y001			53	OUT	T3	K60
23	OUT	TI	K30		56	LD	T3	
26	LD	X001			57	OUT	S0	
27	OUT	S0			59	RET		
29	LDI	X001			60	END		

(c) 语句表

图 7.14　用 PLC 控制传送带动作的参考程序

实训 8　用 PLC 控制污水处理过程

1. 控制要求

按 S09 按钮选择废水的程度（0 为轻度，1 为重度），按 S01（启动按钮）启动污水泵，污水到位后由 PC 发出污水到位信号，关闭污水泵，启动一号除污剂泵，一号除污剂到位后，由 PC 发出一号除污剂到位信号，关闭一号除污剂泵。如果是轻度污水，启动搅拌泵；如果是重度污水，启动二号除污剂泵，二号除污剂到位后，由 PC 发出二号除污剂到位信号，关闭二号除污剂泵，启动搅拌泵，延时 6s，关闭搅拌泵，启动放水泵，放水到位后，由 PC 发出放水到位信号，关闭放水泵，延时 1s，开启罐底的门，污物自动落下，计数器自动累加 1，延时 4s 关门，当计数器值不为 3 时，延时 2s，继续第二次排污工艺。当计数器值累加到 3 时，延时 2s，计数器自动清零，小车启动，延时 6s，继续排污工艺。如果按下 S02（停止按钮），则在关闭罐底的门后，延时 2s，整个工艺停止。污水处理过程工艺图如图 7.15 所示。

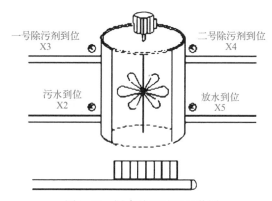

图 7.15　污水处理过程工艺图

2. 实训要求

（1）输入/输出端口配置。

输　　入		输　　出	
设　　备	端口编号	设　　备	端口编号
启动按钮 S01	X0	开启污水泵	Y0
停止按钮 S02	X1	开启一号除污剂泵	Y1
污水到位信号	X2	开启二号除污剂泵	Y2
一号除污剂到位信号	X3	开启搅拌泵	Y3
二号除污剂到位信号	X4	开启放水泵	Y4
放水到位信号	X5	开门电动机	Y5
选择按钮 S09	X6	小车电动机	Y6
		计数	C0

（2）画出 I/O 接线图。

（3）根据控制要求画出状态转移图、梯形图，写出语句表。

（4）输入程序并进行调试。

（5）污水处理过程控制的参考状态转移图（功能图）、梯形图和语句表如图 7.16 所示。

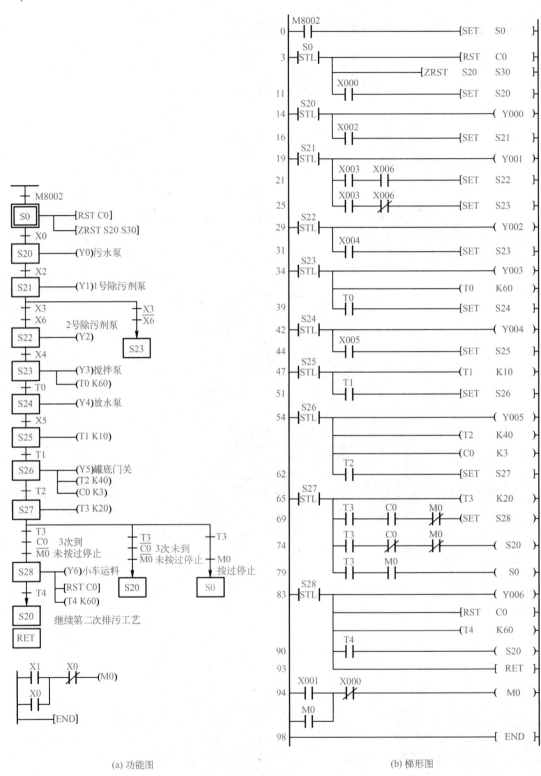

(a) 功能图   (b) 梯形图

图 7.16　污水处理过程控制的参考程序

0	LD	M8002		51	LD	TI	
1	SET	S0		52	SET	S26	
3	STL	S0		54	STL	S26	
4	RST	C0		55	OUT	Y005	
6	ZRST	S20	S30	56	OUT	T2	K40
11	LD	X000		59	OUT	C0	K3
12	SET	S20		62	LD	T2	
14	STL	S20		63	SET	S27	
15	OUT	Y000		65	STL	S27	
16	LD	X002		66	OUT	T3	K20
17	SET	S21		69	LD	T3	
19	STL	S21		70	AND	C0	
20	OUT	Y001		71	ANI	M0	
21	LD	X003		72	SET	S28	
22	AND	X006		74	LD	T3	
23	SET	S22		75	ANI	C0	
25	LD	X003		76	ANI	M0	
26	ANI	X006		77	OUT	S20	
27	SET	S23		79	LD	T3	
29	STL	S22		80	AND	M0	
30	OUT	Y002		81	OUT	S0	
31	LD	X004		83	STL	S28	
32	SET	S23		84	OUT	Y006	
34	STL	S23		85	RST	C0	
35	OUT	Y003		87	OUT	T4	K60
36	OUT	T0	K60	90	LD	T4	
39	LD	T0		91	OUT	S20	
40	SET	S24		93	RET		
42	STL	S24		94	LD	X001	
43	OUT	Y004		95	OR	M0	
44	LD	X005		96	ANI	X000	
45	SET	S25		97	OUT	M0	
47	STL	S25		98	END		
48	OUT	T1	K10				

(c) 语句表

图 7.16　污水处理过程控制的参考程序（续）

实训 9　用 PLC 控制传送带计件

1. 控制要求

用 PLC 控制传送带计件工艺图如图 7.17 所示。按下启动按钮 SB$_1$ 后传送带 1 运行，传送带 1 上的物件经过检测传感器时，传感器发出一个计数脉冲，并将物件传送到传送带 2 上的箱子里进行计数包装，包装分两类，当开关 K01 = 1 时为大包装，计 6 只物件；当 K01 = 0 时为小包装，计 4 只物件，计数到达时，延时 3s，停止传送带 1，同时启动传送带 2，传送带 2 运行 5s 后，再启动传送带 1，重复以上计数过程，当中途按下停止按钮 SB$_2$ 后，本次包装结束就停止计数。

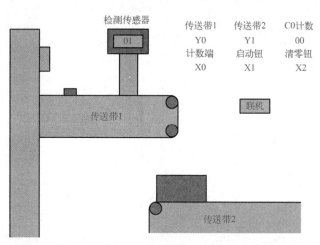

图 7.17　用 PLC 控制传送带计件工艺图

输入/输出端口配置

输 入 设 备	输入端口	接考核箱对应端口	输 出 设 备	输出端口编号	接考核箱对应端口
传感器 1	X0	计算机和 PLC 自动连接	传送带 1	Y0	
启动按钮 SB$_1$	X1	SB$_1$	传送带 2	Y1	
停止按钮 SB$_2$	X2	SB$_2$			
开关 K01	X3	SB$_9$			

2. 操作要求

（1）画出 I/O 接线图。

（2）根据控制要求画出状态转移图、梯形图，写出语句表。

（3）调试控制程序。

（4）用 PLC 控制传送带计件的参考状态转移图（功能图）、梯形图和语句表如图 7.18 所示。

实训 10　检瓶 PLC 控制

1. 操作内容

检验流程：检瓶 PLC 控制工艺图如图 7.19 所示。当产品在传送带上移动到 X1 位置时，由检测传感器 2 检验产品是否合格。当 X1 = 1 时为合格品，当 X1 = 0 时为次品。如果是合格品，则传送带继续运行，将产品送到前方的成品箱中；如果是次品则传送带将产品送到 X0 处，由传感器 1 发出信号，传送带停止运行，由机械手将次品送到次品箱中。

机械手动作过程为：伸出 $\xrightarrow{1s后}$ 夹紧产品 $\xrightarrow{1s后}$ 顺时针转 90° $\xrightarrow{1s后}$ 放松 $\xrightarrow{1s后}$ 缩回 $\xrightarrow{1s后}$ 逆时针转 90° 返回原位 $\xrightarrow{1s后}$ 停止。机械手的动作由单向阀控制液压装置来实现。

2. 控制要求

当按下启动按钮 SB$_1$ 后，传送带运行，产品检验连续进行，当验出 5 只次品后，暂停 5s，调换次品箱，然后继续检验。

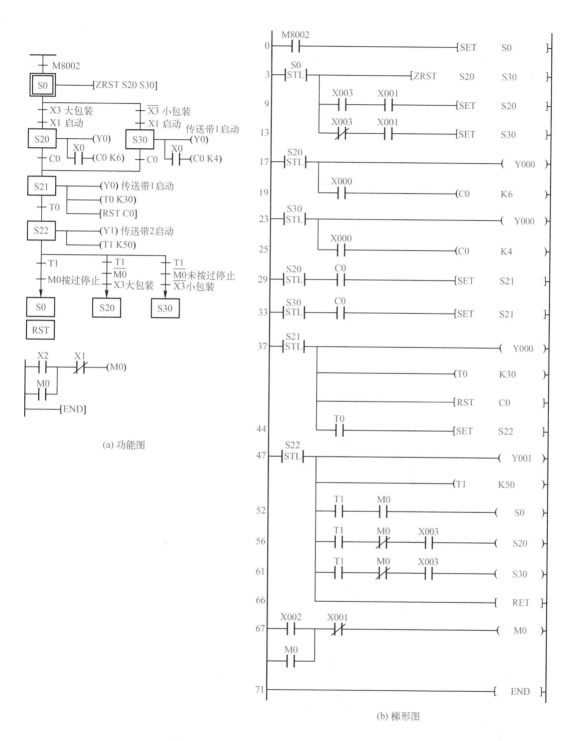

(a) 功能图

(b) 梯形图

图 7.18 用 PLC 控制传送带计件的参考程序

0	LD	M8002		38	OUT	Y000	
1	SET	S0		39	OUT	T0	K30
3	STL	S0		42	RST	C0	
4	ZRST	S20	S30	44	LD	T0	
9	LD	X003		45	SET	S22	
10	AND	X001		47	STL	S22	
11	SET	S20		48	OUT	Y001	
13	LDI	X003		49	OUT	T1	K50
14	AND	X001		52	LD	T1	
15	SET	S30		53	AND	M0	
17	STL	S20		54	OUT	S0	
18	OUT	Y000		56	LD	T1	
19	LD	X000		57	ANI	M0	
20	OUT	C0	K6	58	AND	X003	
23	STL	S30		59	OUT	S20	
24	OUT	Y000		61	LD	T1	
25	LD	X000		62	ANI	M0	
26	OUT	C0	K4	63	ANI	X003	
29	STL	S20		64	OUT	S30	
30	LD	C0		66	RET		
31	SET	S21		67	LD	X002	
33	STL	S30		68	OR	M0	
34	LD	C0		69	ANI	X001	
35	SET	S21		70	OUT	M0	
37	STL	S21		71	END		

(c) 语句表

图 7.18 用 PLC 控制传送带计件的参考程序（续）

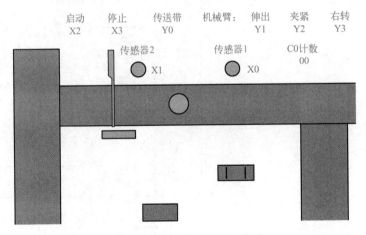

图 7.19 检瓶 PLC 控制工艺图

当按下停止按钮 SB_2 后，如遇次品则待机械手复位后停止检验，遇到成品时，产品到达 X0 处时停止。

输入/输出端口配置

输 入 设 备	输入端口编号	接考核箱对应端口	输 出 设 备	输出端口编号	接考核箱对应端口
传感器 1	X0	计算机和 PLC 自动连接	传送带 1	Y0	
传感器 2	X1	SB_9	机械臂伸出缩回	Y1	
启动按钮 SB_1	X2	SB_1	控制机械手夹紧松开	Y2	
停止按钮 SB_2	X3	SB_2	机械臂右旋转	Y3	
			计数	C0	计算机和 PLC 自动连接

3. 操作要求

（1）画出 I/O 接线图。

（2）根据控制要求画出状态转移图、梯形图，写出语句表。

（3）调试控制程序。

（4）检瓶 PLC 控制的参考状态转移图（功能图）、梯形图和语句表如图 7.20 所示。

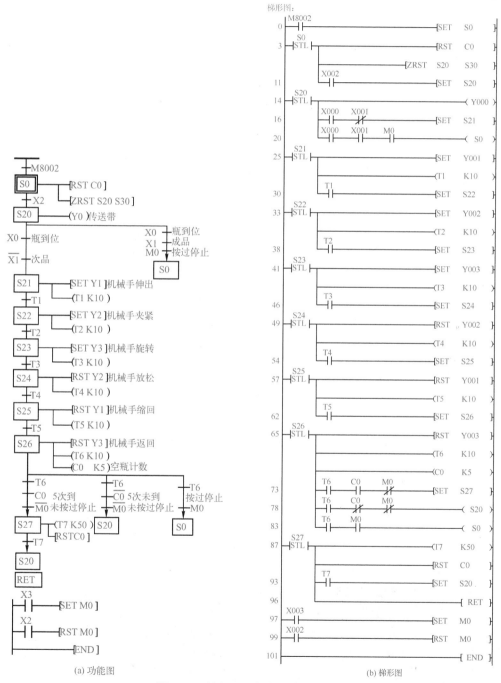

(a) 功能图　　　　　　　　　　　　　　　　(b) 梯形图

图 7.20　检瓶 PLC 控制的参考程序

0	LD	M8002		54	LD	T4	
1	SET	S0		55	SET	S25	
3	STL	S0		57	STL	S25	
4	RST	C0		58	RST	Y001	
6	ZRST	S20	S30	59	OUT	T5	K10
11	LD	X002		62	LD	T5	
12	SET	S20		63	SET	S26	
14	STL	S20		65	STL	S26	
15	OUT	Y000		66	RST	Y003	
16	LD	X000		67	OUT	T6	K10
17	ANI	X001		70	OUT	C0	K5
18	SET	S21		73	LD	T6	
20	LD	X000		74	AND	C0	
21	AND	X001		75	ANI	M0	
22	AND	M0		76	SET	S27	
23	OUT	S0		78	LD	T6	
25	STL	S21		79	ANI	C0	
26	SEL	Y001		80	ANI	M0	
27	OUT	T1	K10	81	OUT	S20	
30	LD	T1		83	LD	T6	
31	SET	S22		84	AND	M0	
33	STL	S22		85	OUT	S0	
34	SET	Y002		87	STL	S27	
35	OUT	T2	K10	88	OUT	T7	K50
38	LD	T2		91	RST	C0	
39	SET	S23		93	LD	T7	
41	STL	S23		94	SET	S20	
42	SET	Y003		96	RET		
43	OUT	T3	K10	97	LD	X003	
46	LD	T3		98	SET	M0	
47	SET	S24		99	LD	X002	
49	STL	S24		100	RST	M0	
50	RST	Y002		101	END		
51	OUT	T4	K10				

(c) 语句表

图 7.20　检瓶 PLC 控制的参考程序（续）

思考与练习

下列 5 道题是专项职业技能提升题，供读者选做。

7.1　用 PLC 实现运料小车自动控制

1. 操作内容

如图 7.1 所示，根据控制要求和输入/输出端口配置来编制 PLC 控制程序。

2. 控制要求

按下 SB_1 小车从原点启动，向前运行直到碰到 SQ_2 开关停止，甲料斗装料时间 5s，然后小车继续向前运行直到碰到 SQ_3 开关停止，此时乙料斗装料 3s，随后小车返回原点直到碰到 SQ_1 开关停止，小车卸料 N 秒，卸料时间结束后，完成一次循环。（$N=1\sim5$s，可以 0.1s 为单位，由时间选择按钮 $SB_9\sim SB_{16}$ 以 2 位 BCD 码设定）。

按下 SB₁ 后，小车连续做 3 次循环后自动停止，中途按下停止按钮 SB₂，小车完成一次循环后停止。

输入/输出端口配置

输 入 设 备	输入端口编号	接考核箱对应端口	输 出 设 备	输出端口编号	接考核箱对应端口
启动按钮 SB₁	X0	SB₁	向前接触器 KM₁	Y0	
停止按钮 SB₂	X1	SB₂	甲卸料接触器 KM₂	Y1	
开关 SQ₁	X2	计算机和 PLC 自动连接	乙卸料接触器 KM₃	Y2	
开关 SQ₂	X3	计算机和 PLC 自动连接	向后接触器 KM₄	Y3	
开关 SQ₃	X4	计算机和 PLC 自动连接	车卸料接触器 KM₅	Y4	
卸料时间选择开关 SB₉～SB₁₆	X10～X17	SB₉～SB₁₆			

3. 操作要求

（1）画出正确的控制流程图。

（2）画出梯形图或写出语句表。

（3）输入程序并进行调试。

用 PLC 实现运料小车自动控制的参考状态转移图如图 7.21 所示。

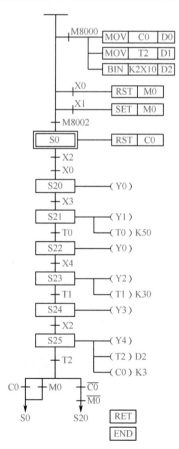

图 7.21　用 PLC 实现运料小车自动控制的参考状态转移图

7.2 用 PLC 实现机械滑台自动控制

1. 操作内容

如图 7.3 所示，根据控制要求和输入/输出端口配置来编制 PLC 控制程序。

2. 控制要求

当工作台在原始位置时，按下启动按钮 SB_1，电磁阀 YV1 得电，工作台快进，同时由接触器 KM_1 驱动的动力头电动机 M 启动；当工作台快进到达 A 点时，行程开关 SI4 被压合，YV1、YV2 得电，工作台由快进切换成工进，进行切削加工；当工作台工进到达 B 点时，SI6 动作，工进结束，YV1、YV2 失电，同时工作台停留 3s，当 3s 时间到时，YV3 得电，工作台横向退刀，同时主轴电动机 M 停转；当工作台到达 C 点时，行程开关 SI5 被压合，此时 YV3 失电，横退结束，YV4 得电，工作台纵向退刀；当工作台退到 D 点时，SI2 动作，YV4 失电，纵向退刀结束，YV5 得电，工作台横向进给直到原点，压合开关 SI1，此时 YV5 失电，完成一次循环。

按下启动按钮 SB_1 后，工作台连续做 N 次循环后自动停止（$N=1\sim9$，可由循环次数选择按钮 $SB_9\sim SB_{12}$ 以 BCD 码设定）。中途按下停止按钮 SB_2，工作台立即停止运行，并按原路径返回，直到压合开关 SI1 才能停止。当再次按下启动按钮 SB_1 时，工作台重新计数运行。

输入/输出端口配置

输 入 设 备	输入端口编号	接考核箱对应端口	输 出 设 备	输出端口编号	接考核箱对应端口
启动按钮 SB_1	X0	SB_1	主轴电动机接触器 KM_1	Y0	
停止按钮 SB_2	X1	SB_2	电磁阀 YV1	Y1	
原点行程开关 SI1	X2	计算机和 PLC 自动连接	电磁阀 YV2	Y2	
A 点行程开关 SI4	X3	计算机和 PLC 自动连接	电磁阀 YV3	Y3	
B 点行程开关 SI6	X4	计算机和 PLC 自动连接	电磁阀 YV4	Y4	
C 点行程开关 SI5	X5	计算机和 PLC 自动连接	电磁阀 YV5	Y5	
D 点行程开关 SI2	X6	计算机和 PLC 自动连接			
循环次数选择按钮 $SB_9\sim SB_{12}$	X10～X13	$SB_9\sim SB_{12}$			

3. 操作要求

（1）画出正确的控制流程图。

（2）画出梯形图或写出语句表。

（3）输入程序并进行调试。

用 PLC 实现机械滑台自动控制的参考状态转移图如图 7.22 所示。

7.3 用 PLC 实现机械手自动控制

1. 操作内容

如图 7.5 所示，根据控制要求和输入/输出端口配置来编制 PLC 控制程序。

2. 控制要求

定义原点为机械手在左上方所能达到的极限位置，其左限位开关闭合，上限位开关闭合，机械手处于放松状态。

搬运过程是机械手把工件从 A 处搬到 B 处。

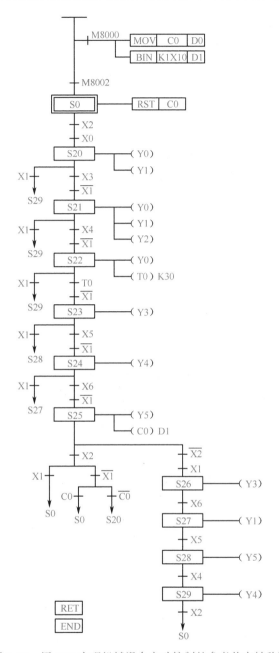

图 7.22　用 PLC 实现机械滑台自动控制的参考状态转移图

当工件处于 B 处上方准备下放时，为确保安全，用光电开关检测 B 处有无工件。只有当 B 处无工件时，才能发出下放信号。

机械手工作过程：启动机械手，下降到 A 处位置→夹紧工件→夹住工件上升到顶端→机械手横向移动到右端，进行光电检测→下降到 B 处位置→机械手放松，把工件放到 B 处→机械手上升到顶端→机械手横向移动，返回左端原点处。

按下启动按钮 SB_1 后，机械手连续做 N 次循环后自动停止（$N=1\sim9$，可由循环次数选择按钮 $SB_9\sim SB_{12}$ 以 BCD 码设定）；中途按下停止按钮 SB_2，机械手完成一次循环后停止。

输入/输出端口配置

输 入 设 备	输入端口编号	接考核箱对应端口	输 出 设 备	输出端口编号	接考核箱对应端口
启动按钮 SB_1	X10	SB_1	下降电磁阀 KT_0	Y0	
停止按钮 SB_2	X11	SB_2	上升电磁阀 KT_1	Y1	
下移到位 ST_0	X2	计算机和 PLC 自动连接	右移电磁阀 KT_2	Y2	
夹紧到位 ST_1	X3	计算机和 PLC 自动连接	左移电磁阀 KT_3	Y3	
上移到位 ST_2	X4	计算机和 PLC 自动连接	夹紧电磁阀 KT_4	Y4	
右移到位 ST_3	X5	计算机和 PLC 自动连接			
放松到位 ST_4	X6	计算机和 PLC 自动连接			
左移到位 ST_5	X7	计算机和 PLC 自动连接			
光电检测开关 SB_8	X0	SB_8			
循环次数选择按钮 $SB_9 \sim SB_{12}$	X14～X17	$SB_9 \sim SB_{12}$			

3. 操作要求

（1）画出正确的控制流程图。

（2）画出梯形图或写出语句表。

（3）输入程序并进行调试。

用 PLC 实现机械手自动控制的参考状态转移图如图 7.23 所示。

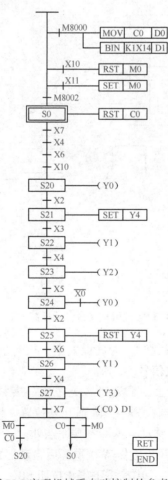

图 7.23　用 PLC 实现机械手自动控制的参考状态转移图

7.4　用 PLC 实现混料罐自动控制

1. 操作内容

如图 7.24 所示，根据控制要求和输入/输出端口配置来编制 PLC 控制程序。

2. 控制要求

初始状态所有泵均关闭。按下启动按钮 SB₁ 后进料泵 1 启动，当液位到达 SI4 时，根据不同配方的工艺要求进行控制。如果按配方 1 控制，则关闭进料泵 1 且启动进料泵 2；如果按配方 2 控制，则进料泵 1 和 2 均打开。当进料液位到达 SI6 时，将进料泵 1 和 2 全部关闭，同时打开混料泵，混料泵持续运行 3s 后又根据不同配方的工艺要求进行控制。如果按配方 1 控制，则打开出料泵，等到液位下降到 SI4 时停止混料泵；如果按配方 2 控制，则打开出料泵且立即停止混料泵，直到液位下降到 SI1 时关闭出料泵，完成一次循环。

按下启动按钮以后，混料罐首先按配方 1 做连续循环，循环 N 次后，混料罐自动转为按配方 2 做连续循环，再循环 N 次后停止。按下停止按钮 SB₂，混料罐完成本次循环后停止。（$N=1\sim9$，可由循环次数选择按钮 SB₉～SB₁₂ 以 BCD 码设定）。

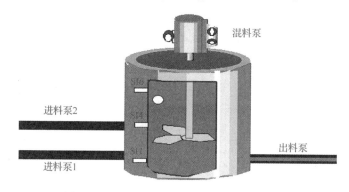

图 7.24　用 PLC 实现混料罐自动控制示意图

输入/输出端口配置

输入设备	输入端口编号	接考核箱对应端口	输出设备	输出端口编号	接考核箱对应端口
高液位检测开关 SI6	X0	计算机和 PLC 自动连接	进料泵 1	Y0	
中液位检测开关 SI4	X1	计算机和 PLC 自动连接	进料泵 2	Y1	
低液位检测开关 SI1	X2	计算机和 PLC 自动连接	混料泵	Y2	
启动按钮 SB₁	X3	SB₁	出料泵	Y3	
停止按钮 SB₂	X4	SB₂			
SB₉～SB₁₂ 循环次数选择按钮	X10～X13	SB₉～SB₁₂			

3. 操作要求

（1）画出正确的控制流程图。

（2）画出梯形图或写出语句表。

（3）输入程序并进行调试。

用 PLC 实现混料罐自动控制的参考状态转移图如图 7.25 所示。

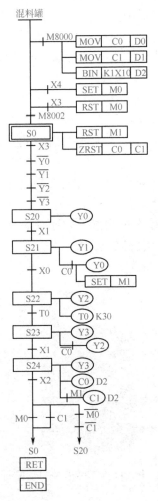

图 7.25　用 PLC 实现混料罐自动控制的参考状态转移图

7.5　用 PLC 实现红绿灯自动控制

1. 操作内容

如图 7.9 所示，根据控制要求和输入/输出端口配置来编制 PLC 控制程序。

2. 控制要求

按下启动按钮 SB_1 后，南北红灯亮并保持 15s，同时东西绿灯亮，但保持 10s，到 10s 时东西绿灯闪亮 3 次（每周期 1s）后熄灭；随后东西黄灯亮，并保持 2s，到 2s 后，东西黄灯熄灭，东西红灯亮，同时南北红灯熄灭和南北绿灯亮。

东西红灯亮并保持 10s，同时南北绿灯亮，但保持 5s，到 5s 时南北绿灯闪亮 3 次（每周期 1s）后熄灭；随后南北黄灯亮，并保持 2s，到 2s 后，南北黄灯熄灭，南北红灯亮，同时东西红灯熄灭和东西绿灯亮。

上述过程为一次循环。按下启动按钮 SB_1 后连续循环开始，按下停止按钮 SB_2 后红绿灯立即熄灭。

当强制按钮 SB_3 接通时，南北黄灯和东西黄灯同时亮，并不断闪亮，周期为 $2 \times N$ 秒（$N=$ 1～5s，可以 0.1s 为单位，由时间选择按钮 SB_9～SB_{16} 以 2 位 BCD 码设定）；同时将控制台指示灯点亮并关闭信号灯控制系统控制台指示灯。

强制闪烁的黄灯在下一次启动时熄灭。

输入/输出端口配置

输 入 设 备	输入端口编号	接考核箱对应端口	输 出 设 备	输出端口编号	接考核箱对应端口
启动按钮 SB$_1$	X0	SB$_1$	南北红灯	Y0	
停止按钮 SB$_2$	X1	SB$_2$	东西绿灯	Y1	
强制按钮 SB$_3$	X3	SB$_3$	东西黄灯	Y2	
黄灯闪亮时间选择按钮 SB$_9$～SB$_{16}$	X10～X17	SB$_9$～SB$_{16}$	东西红灯	Y3	
			南北绿灯	Y4	
			南北黄灯	Y5	
			控制台指示灯	Y6	

3. 操作要求

（1）画出正确的控制流程图。

（2）画出梯形图或写出语句表。

（3）输入程序并进行调试。

用 PLC 实现红绿灯自动控制的参考状态转移图如图 7.26 所示。

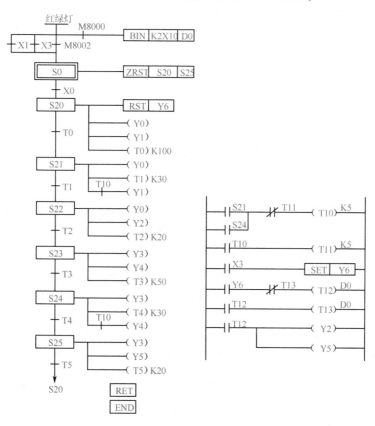

图 7.26　用 PLC 实现红绿灯自动控制的参考状态转移图

第 8 章 FX₂N 系列 PLC 的功能指令

📝 **本章要点**

1. 数据类软元件及存储器组织。
2. 功能指令的基本格式。
3. 传送和比较指令编程方法及使用注意事项。

PLC 之所以被称为工业控制计算机，是因为其内部除了有很多基本逻辑指令，还有大量的功能指令（应用指令），这些功能指令实际上是许多功能不同的子程序，它大大扩展了PLC 的应用范围，使其可以用于实现生产过程的闭环控制，用于与计算机及其他 PLC 组成集散控制系统。

8.1 功能指令概述

8.1.1 数据类软元件及存储器组织

（1）位元件和字元件。前面已经介绍了输入继电器 X、输出继电器 Y、辅助继电器 M、状态继电器 S 等编程元件，这些软元件在 PLC 内部反映的是"位"的变化，主要用于开关量信息的传递、变换及逻辑处理，称为"位元件"。而在 PLC 内部，由于功能指令的引入，需要处理大量的数据信息，需要设置大量的用于存储数值数据的软元件，如各种数据存储器等。另外，一定量的位元件组合在一起也可用于数据的存储，定时器 T、计数器 C 的当前值寄存器也可用于数据的存储。上述这些能处理数值数据的元件统称为"字元件"。

（2）位组合元件。位组合元件是一种字元件。在 PLC 中，人们常希望能直接使用十进制数据，FX₂N系列 PLC 中使用 BCD 码表示十进制数据，由此产生了位组合元件，它将 4 位位元件成组使用。位组合元件在输入继电器、输出继电器及辅助继电器中都有使用。位组合元件可表达为 KnX、KnY、KnM、KnS 等形式，式中，Kn 指的是有 n 组这样的数据，如 KnX0 表示位组合元件由从 X0 开始的 n 组位元件组合而成。若 n 为 1，则 K1X0 表示由 X3、X2、X1、X0 4 位输入继电器组合而成；若 n 为 2，则 K2X0 表示由 X0～X7 8 位输入继电器组合而成；若 n 为 4，则 K4X0 表示由 X10～X17、X0～X7 16 位输入继电器组合而成。

（3）数据寄存器（D）。数据寄存器（D）是用于存储数值数据的字元件。这类寄存器都是 16 位的数值数据（最高位为符号位，可处理数值范围为 $-32\,768 \sim +32\,767$），如将两个相邻数据寄存器组合，可存储 32 位的数值数据（最高位为符号位，可处理数值范围为 $-2\,147\,483\,648 \sim +2\,147\,483\,647$）。数据寄存器有以下几类。

① 通用数据寄存器（D0 ～ D199，共 200 点）。通用数据寄存器一旦写入数据，只要不再写入其他数据，其内容就不会变化。但是，在 PLC 从运行到停止或停电时，所有数据将被清零（如果驱动特殊辅助继电器 M8033，则可以保持）。

② 断电保持数据寄存器（D200 ～ D7999，共 7800 点）。只要不改写，无论 PLC 是从运行到停止，还是停电，断电保持数据寄存器将保持原有的数据。

如果采用并联通信功能，当主站→从站时，D490 ～ D499 被作为通信占用；当从站→主站时，D500 ～ D509 被作为通信占用。

以上设定范围是出厂时的设定值。数据寄存器的断电保持功能也可通过外围设备设定，实现通用 ←→ 断电保持的调整转换。

③ 特殊数据寄存器（D8000 ～ D8255，共 256 点）。特殊数据寄存器供监控机内元件的运行方式用。当电源接通时，利用系统只读存储器写入初始值。例如，在 D8000 中存有监视定时器的时间设定值，它的初始值由系统只读存储器在通电时写入，当需要改变该设定值时，可利用传送指令写入，如图 8.1 所示。

必须注意的是，未定义的特殊数据寄存器不要使用。

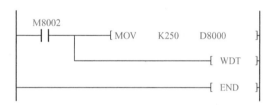

图 8.1　特殊数据寄存器数据写入

④ 文件寄存器（D1000 ～ D7999，共 7000 点）。文件寄存器实际上是一类专用数据寄存器，用于存储大量的数据，如采样数据、统计计算数据、多组控制数据等。文件寄存器占用户程序存储器（RAM、EPRAM、EEPRAM）内的一个存储区，它以 500 点为单位，可被外围设备存取。文件寄存器实际上被设置为 PLC 的参数区，它与断电保持数据寄存器是重叠的，保证数据不丢失。

（4）编程元件——变址寄存器（V、Z）。变址寄存器 V、Z 和通用数据寄存器一样，是进行数值数据读、写的 16 位数据寄存器，主要用于修改运算操作数的地址。FX$_{2N}$ 系列 PLC 的 V 和 Z 各 8 点，分别为 V0 ～ V7 和 Z0 ～ Z7。

进行 32 位数据运算时，将两者结合使用，指定 Z 为低位，组合成为（V，Z），如图 8.2 所示。如果直接向 V 写入较大的数据，则易出现运算误差。

根据 V 与 Z 的内容修改元件地址号，称为元件的变址。可以用变址寄存器进行变址的元件是 X、Y、M、S、P、T、C、D、K、H、KnX、KnY、KnM 和 KnS。

例如，如果 V1 = 6，则 K20V1 为 K26（20+6 = 26）；如果 V3 = 7，则 K20V3 变为 K27（20+7 = 27）；如果 V4 = 12，则 D10V4 变为 D22（10+12 = 22）。但是，变址寄存器不能修改 V 与 Z 本身或位数指定用的 Kn 参数。例如，K4M0Z2 有效，而 K0Z2M0 无效。变址寄存器的应用如图 8.3 所示，执行该程序时，若 X0 为 ON，则 D15 和 D26 的数据都为 20。

（5）指针 P/I。P（P0 ～ P63，共 64 点）为跳转指令的指针，指针 P0 ～ P63 作为标号，用来指定条件跳转、子程序调用等目标。

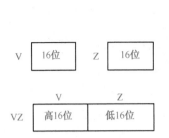

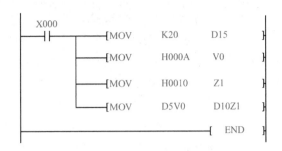

图 8.2 变址寄存器（V，Z）的组合　　　　图 8.3 变址寄存器的应用

中断指令包括中断返回指令 IRET（Interruption Return）、允许中断指令 EI（Interruption Enable）和禁止中断指令 DI（Interruption Disable）。

中断是 CPU 与外设之间进行数据传送的一种方式。FX_{2N} 系列 PLC 有两类中断，即外部中断和定时中断。外部中断信号从输入端子输入，可用于机外突发随机事件引起的中断；定时中断是内部中断，是由定时器定时时间到而引起的中断。

FX_{2N} 系列 PLC 可以有 9 个中断源，9 个中断源可以同时向 CPU 发出中断请求信号，这时 CPU 响应优先级较高的中断源的中断请求。9 个中断源的优先级由中断号决定，中断号较低的，优先级较高。每个中断源的中断子程序均有中断标号，中断标号以 I 开头，又称为 I 指针。外部中断的 I 指针格式如图 8.4（a）所示，共 6 点，对应的外部中断信号的输入口为 X0～X5。例如，I001 的含义是：当输入 X0 从 OFF 变为 ON（上升沿）时，执行由该指针作为标号的中断服务程序，并在执行 IRET 时返回。内部中断的 I 指针格式如图 8.4（b）所示，共 3 点。内部中断即定时中断，由指定编号为 6～8 的专用定时器控制。设定时间为 10～99ms，每隔设定时间就会中断一次。

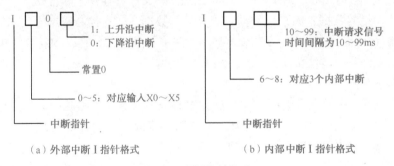

（a）外部中断 I 指针格式　　　　　　　（b）内部中断 I 指针格式

图 8.4　中断指针格式

PLC 一般处于禁止中断状态，指令 EI～DI 之间的程序段为允许中断区间，而 DI～EI 之间的程序段为禁止中断区间。当程序执行到允许中断区间并且出现中断请求信号时，PLC 停止执行主程序，去执行相应的中断子程序，遇到中断返回指令 IRET 时返回断点处继续执行主程序。

表 8.1 为 FX 系列 PLC 的内部系统配置。

表 8.1　FX 系列 PLC 的内部系统配置

项　　目	规　　格	备　　注
运转控制方式	通过存储的程序周期运转	
I/O 控制方式	批处理方法（执行 END 指令时）	I/O 指令可以刷新

续表

项　目		规　格	备　注
运转处理时间		基本指令：0.08μs/指令；功能指令：1.52～几百μs/指令	
编程语言		逻辑梯形图和指令语句表	使用步进梯形图能生成 SFC 类型程序
容量		8 000 步内置	使用附加寄存器盒可扩展到 16 000 步
指令数目		基本指令：27 步进指令：2 功能指令：128	最大可用 298 条功能指令
I/O 配置		最大硬件 I/O 配置点为 256，依赖用户的选择（最大软件可设定地址输入 256、输出 256）	
辅助继电器（M）	一般	500 点	M0～M499
	锁定	2 572 点	M500～M3071
	特殊	256 点	M8000～M8255
状态继电器（S）	一般	500 点	S0～S499
	锁定	400 点	S500～S899
	初始	10 点	S0～S9
	信号报警	100 点	S900～S999
定时器（T）	100ms	0～3 276.7s（200 点）	T0～T199
	10ms	0～327.67s（46 点）	T200～T245
	1ms 保持型	0～32.767s（4 点）	T246～T249
	100ms 保持型	0～3 276.7s（6 点）	T250～T255
计数器（C）	一般 16 位	0～32 767（200 点）	C0～C199，16 位上计数器
	锁定 16 位	100 点（子程序）	C100～C199，16 位上计数器
	一般 32 位	−2 147 483 648～+2 147 483 647（35 点）	C200～C219，32 位上/下计数器
	锁定 32 位	15 点	C220～C234，16 位上/下计数器
高速计数器（C）	单相	−2 147 483 648～+2 147 483 647； 一般规则：选择计数频率不大于 20kHz 的计数器组合； 所有的计数器锁存	C235～C240，6 点
	单相 c/w 起始、停止输入		C241～C245，5 点
	双相		C246～C250，5 点
	A/B 相		C251～C255，5 点
数据寄存器（D）	一般	200 点	D0～D199； 32 位元件的 16 位数据存储寄存器对
	锁存	7 800 点	D200～D7999； 32 位元件的 16 位数据存储寄存器对
	文件寄存器	7 000 点	D1000～D7999； 16 位数据存储寄存器
	特殊	256 点	D8000～D8255； 16 位数据存储寄存器
	变址	16 点	V0～V7 及 Z0～Z7； 16 位数据存储寄存器
指针（P）	用于 CALL	128 点	P0～P127
	用于中断	6 输入点、3 定时器、6 计数器	100*～150* 和 16**～18**（上升沿触发 *=1，下降沿触发 *=0，**=时间，单位：ms）
嵌套层次		用于 MC～MCR 时为 8 点	N0～N7
常　数	十进制 K	16 位：−32 768～+32 768；32 位：−2 147 483 648～+2 147 483 647	
	十六进制 H	16 位：0000～FFFF；32 位：00000000～FFFFFFFF	
	浮点	32 位：±1.175×10³⁶，±3.403×10³⁶（不能直接输入）	

8.1.2 功能指令的格式

与基本指令不同，功能指令不是表达梯形图符号间的相互关系，而是直接表达本指令的功能。FX_{2N} 系列 PLC 在梯形图中使用功能框表示功能指令，功能指令的格式及要素如图 8.5 所示。图中，X0 的常开触点是功能指令的执行条件，其后的方框称为功能框。功能框中分栏表示指令的名称、相关数据或数据的存储地址。

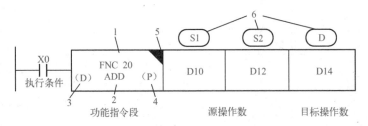

图 8.5 功能指令的格式及要素

（1）编号。功能指令用编号 FNC00 ～ FNC294 表示，并给出对应的助记符。例如，FNC12 的助记符是 MOV（传送），FNC45 的助记符是 MEAN（平均）。如图 8.5 中的 1 所示就是功能指令的编号。

（2）助记符。指令名称用助记符表示，如图 8.5 中的 2 所示。功能指令的助记符是指令的英文缩写词。如传送指令"MOVE"简写为 MOV，加法指令"ADDITION"简写为 ADD，交替输出指令"ALTERNATEOUTPUT"简写为 ALT。采用这种方式容易了解指令的功能。助记符 DADDP 中的"D"表示数据长度，"P"表示执行形式。

（3）数据长度。功能指令按处理数据的长度分为 16 位指令和 32 位指令。其中，32 位指令在助记符前加"D"，如图 8.5 中的 3 所示，助记符前无"D"的为 16 位指令。例如，ADD 是 16 位指令，DADD 是 32 位指令。

（4）执行形式。功能指令有脉冲执行型和连续执行型。在指令助记符后标有"P"的为脉冲执行型，如图 8.5 中的 4 所示，无"P"的为连续执行型。例如，ADDP 是脉冲执行型 16 位指令，而 DADDP 是脉冲执行型 32 位指令。脉冲执行型指令在执行条件满足时仅执行一个扫描周期，这对于数据处理有很重要的意义。例如，一条加法指令，在脉冲执行时，只将加数和被加数做一次加法运算，而连续型加法运算指令在执行条件满足时，每一个扫描周期都要相加一次。

（5）操作数。操作数是指功能指令设计或产生的数据。有的功能指令没有操作数，大多数功能指令有 1 ～ 4 个操作数。操作数分为源操作数、目标操作数及其他操作数。源操作数是指指令执行后不改变其内容的操作数，用［S］表示。目标操作数是指指令执行后将改变其内容的操作数，用［D］表示。m 与 n 表示其他操作数，其他操作数常用来表示常数或者对源操作数和目标操作数做出补充说明。表示常数时，K 为十进制常数，H 为十六进制常数。当某种操作数有多个时，可用数码标注区别，如［S1］、［S2］。当用连续执行方式时，在指令标示栏中用"▼"警示，如图 8.5 中的 5 所示。

操作数从根本上来说是参与运算数据的地址。地址是依元件的类型分布在存储区中的。由于不同指令对参与操作的元件类型有一定的限制，因此，操作数的取值就有一定的范围。

正确选取操作数类型对正确使用指令有很重要的意义，如图 8.5 中的 6 所示。

8.2　传送比较指令

8.2.1　比较指令和区间比较指令

（1）比较指令（CMP）。

该指令的助记符、操作数范围、程序步如表 8.1 所示。

表 8.1　比较指令要素

指令名称	助 记 符	指令代码位数	操作数范围			程 序 步
			[S1]	[S2]	[D]	
比较	CMP CMP（P）	FNC 10 （16/32）	K、H、 KnX、KnY、KnM、KnS、 T、C、D、V、Z		Y、M、S	CMP、CMPP…7 步 DCMP、DCMPP…13 步

比较指令 CMP 用于比较两个源操作数［S1］和［S2］的代数值大小，即带符号比较，所有的源数据均按二进制处理，将结果送到目标操作数[D]～[D+2]中。CMP 指令的使用说明如图 8.6 所示。

当 X0 为 OFF 时，不执行 CMP 指令，M0、M1、M2 保持不变；当 X0 为 ON 时，将两个源操作数［S1］、［S2］中的数据进行比较，即将 K100（十进制数 100）与 C20 计数器的当前值比较，若 C20 的当前值小于 100，则 M0 为 ON，Y0 得电；若 C20 的当前值等于 100，则 M1 为 ON，Y1 得电；若 C20 的当前值大于 100，则 M2 为 ON，Y2 得电。

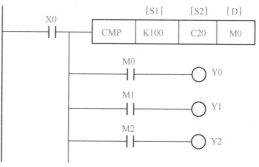

图 8.6　比较指令 CMP 的使用说明

使用 CMP 指令时应注意以下几点。

① CMP 指令中的［S1］和［S2］可以是所有字元件，［D］为 Y、M、S。

② 当比较指令的操作数不完善（若只指定一个或两个操作数），或者指定的操作数不符合要求（如把 X、K、T、C 指定为目标操作数），或者指定的操作数的元件号超出了允许范围时，用比较指令就会出错。

③ 如果要清除比较结果，则采用复位指令 RST，如图 8.7 所示。

（2）区间复位指令（ZRST）。

该指令的助记符、操作数范围、程序步如表 8.2 所示。

表 8.2　区间复位指令要素

指令名称	助 记 符	指令代码位数	操作数范围		程 序 步
			[D1]	[D2]	
区间复位	ZRST ZRST（P）	FNC 40 （16）	Y、M、S、T、C、D （D1≤D2）		ZRST、ZRSTP…5 步

区间复位指令 ZRST 可将 [D1]、[D2] 指定的元件号范围内的同类元件成批复位，目标操作数可取 T、C 和 D（字元件）或 Y、M、S（位元件）。[D1] 和 [D2] 指定的应为同一类元件，[D1] 的元件号应小于 [D2] 的元件号。如果 [D1] 的元件号大于 [D2] 的元件号，则只有 [D1] 指定的元件被复位。虽然 ZRST 指令是 16 位处理指令，但 [D1]、[D2] 也可以指定 32 位计数器。

如图 8.8 所示梯形图的功能是将 M0～M100 共 101 位全部清零。

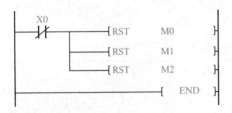

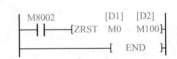

图 8.7　用 RST 指令清除比较结果　　　　图 8.8　区间复位指令 ZRST 的使用说明

（3）区间比较指令（ZCP）。

该指令的助记符、操作数范围、程序步如表 8.3 所示。

表 8.3　区间比较指令要素

指令名称	助记符	指令代码位数	操作数范围				程序步
			[S1]	[S2]	[S]	[D]	
区间比较	ZCP ZCP(P)	FNC 11 (16/32)	K、H、 KnX、KnY、KnM、KnS、 T、C、D、V、Z			Y、M、S	ZCP、ZCPP…9 步 DZCP、DZCPP…17 步

区间比较指令 ZCP 是将一个数据 [S] 与两个源数据 [S1] 和 [S2] 间的数据进行代数比较，将比较结果送到目标操作数 [D]～[D+2] 中，ZCP 指令的使用说明如图 8.9 所示。

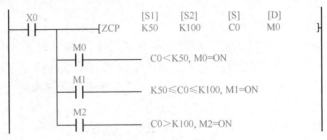

图 8.9　ZCP 指令的使用说明

与 CMP 指令一样，ZCP 指令的数据比较是进行代数值大小的比较，即带符号比较，所有源数据均按二进制数处理。在 X0 断开时，ZCP 指令不执行，M0～M2 保持 X0 断开前的状态。在 X0 接通时，当 C0 的当前值小于十进制数 K50 时，M0 为 ON；当 C0 的当前值小于等于 K100 且大于等于 K50 时，M1 为 ON；当 C0 的当前值大于十进制数 K100 时，M2 为 ON。

使用 ZCP 指令时应注意以下几点。

① ZCP 指令中的 [S1] 和 [S2] 可以是所有字元件，[D] 为 Y、M、S。

② 源操作数 ［S1］ 的内容比源操作数 ［S2］ 的内容要小, 如果 ［S1］ 比 ［S2］ 大,
则 ［S2］ 被看作与 ［S1］ 一样大。

③ 如要清除比较结果, 则用 RST 或 ZRST 复位指令。

8.2.2　传送指令和移位传送指令

(1) 传送指令 (MOV)。

该指令的助记符、操作数范围、程序步如表 8.4 所示。

表 8.4　传送指令要素

指令名称	助 记 符	指令代码位数	操作数范围		程 序 步
			[S]	[D]	
传送	MOV MOV(P)	FNC 12 (16/32)	K、H、 KnX、KnY、KnM、KnS、 T、C、D、V、Z	KnY、KnM、KnS、 T、C、D、V、Z	MOV、MOVP…5 步 DMOV、DMOVP…9 步

传送指令 MOV 的功能是将源数据转变为二进制数后, 传送到指定的目标操作数中。如
图 8.10 所示, 当 X0 为 ON 时, 将源数据十进制数 K10 传送到目标操作元件 K2Y0 中, 即 Y7 ～
Y0 分别输出 00001010。在指令执行时, 常数 K10 会自动转换成二进制数。当 X0 为 OFF 时,
MOV 指令不执行, 数据保持不变。当 X1 为
ON 时, 将源数据十六进制数 H98FC 传送到目
标操作元件 K8M0 中, 即 M31 ～ M0 分别为
0000, 0000, 0000, 0000, 1001, 1000, 1111,
1100。同样, 在指令执行时, 常数 H98FC 会自
动转换成二进制数。当 X1 为 OFF 时, DMOVP
指令不执行, 数据保持不变。

图 8.10　传送指令的使用说明

使用 MOV 指令时应注意以下两点。

① 源操作数可取所有数据类型, 目标操作数可以是 KnY、KnM、KnS、T、C、D、V 以
及 Z 类型。

② 16 位运算时占 5 个程序步, 32 位运算时占 9 个程序步。

(2) 移位传送指令 SMOV。

移位传送指令示例如图 8.11 所示。其中, ［S］ 为源数据, m1 为被传送的十进制数据的
起始位, m2 为传送位数, ［D］ 为目标元件, n 为传送的目标起始位。

SMOV 指令的操作功能为: 进行十进制位的传送, 将 ［S］ 第 m1 位开始的 m2 个数移位
到 ［D］ 的第 n 位开始的 m2 个位置, m1、m2 和 n 的取值均为 1～4。

图 8.11 所示的梯形图对应的指令为 SMOV D10 K4 K2 D20 K3。

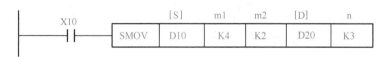

图 8.11　移位传送指令 SMOV 示例

移位传送示意图如图 8.12 所示。其中, 十进制数在存储器中以二进制的形式存放, 源

数据和目标数据的范围均为 0 ～ 9999。假设 D10 中的数据为 4321 所对应的二进制数，D20 中的数据为 9008 所对应的二进制数，如果 X10 为 ON 状态，则执行移位传送指令，传送过程分以下三步进行。

① 首先，将 D10 和 D20 中的二进制数转换成对应的 BCD 码，分别为 4321、9008 对应的 BCD 码。

② 然后，从 D10 中 BCD 码 4321 的第 4 位（m1 = K4）开始的两位（m2 = K2）BCD 码，即 BCD 码 4321 的 4 和 3，分别移位到 D20 的第 3 位（n = K3）和第 2 位 BCD 码的位置上，D20 原来第 3 位和第 2 位上的 BCD 码 00 被 43 替换，没有进行传送的第 4 位和第 1 位的 BCD 码仍为原来的数据 9 和 8，所以传送后 D20 中的 BCD 码为 9438。

③ 最后，将 D10 和 D20 中的 BCD 码再转化成二进制数存放。所以，传送后，D10 中的数据不变，D20 中的数据改变，均以二进制的形式存放。

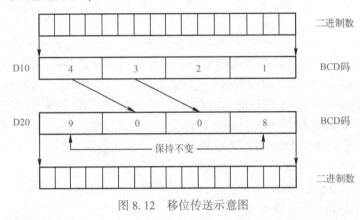

图 8.12　移位传送示意图

当特殊辅助继电器 M8168 为 ON 时，SMOV 指令运行在 BCD 方式，源数据和目标数据均为 BCD 码。

（3）取反传送指令 CML。

取反传送指令的操作功能为：将源元件中的数据逐位取反，并传送到目标元件中，如果源数据为常数 K，则该数据会自动转换成二进制数，再取反传送。

图 8.13 所示为取反传送指令 CML 的示例梯形图，对应的指令为 CML D10 K1Y1。当 X10 为 ON 时，将 D10 中的各位取反，然后根据图中 [D] 的指定，将低 4 位送到 Y4 ～ Y1 中。

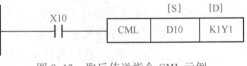

图 8.13　取反传送指令 CML 示例

（4）块传送指令 BMOV。

该指令的助记符、操作数范围、程序步如表 8.5 所示。

表 8.5　块传送指令要素

指令名称	助 记 符	指令代码位数	操作数范围		程 序 步
			[S]	[D]	
块传送	BMOV BMOV(P)	FNC 15 (16/32)	K、H、 KnX、KnY、KnM、KnS、 T、C、D、V、Z	KnY、KnM、KnS、 T、C、D、V、Z	BMOV、BMOVP…5 步 DBMOV、DBMOVP…9 步

　　块传送指令 BMOV 的操作功能为：将数据块（由源地址指定元件开始的 n 个数据组成）传送到指定的目标地址中，n 只能取常数 K、H，如果地址超出允许的范围，则数据仅传送到允许范围的目标地址中。

　　图 8.14（a）所示为块传送指令的示例，对应的指令为 BMOV D0 D10 K3。当 X10 为 ON 时，执行块传送指令，根据 K3 指定的数据块个数为 3，将 D0～D2 中的内容传送到 D10～D12 中。图 8.14（b）所示为块传送示意图，传送后，D0～D2 中的内容不变，而 D10～D12 中的内容相应地被 D0～D2 的内容取代。

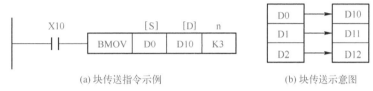

(a) 块传送指令示例　　　　　　(b) 块传送示意图

图 8.14　块传送指令 BMOV

　　（5）多点传送指令 FMOV。

　　该指令的助记符、操作数范围、程序步如表 8.6 所示。

表 8.6　多点传送指令要素

指令名称	助　记　符	指令代码位数	操作数范围			程　序　步
			[S]	[D]	n	
多点传送	FMOV FMOV(P)	FNC 16 (16)	K、H、 KnX、KnY、KnM、KnS、 T、C、D、V、Z	KnY、KnM、KnS、 T、C、D	K、H ≤512	FMOV、FMOVP…7 步 DFMOV、DFMOVP…13 步

　　多点传送指令 FMOV 的操作功能为：将源地址中的数据传送到指定目标开始的 n 个元件中，这 n 个元件中的数据完全相同，指令中给出的是目标元件的首地址，如果元件号超出允许的范围，则数据仅传送到允许范围的元件中。它常用于对某一段数据寄存器的清零或置相同的初始值。

图 8.15　多点传送指令 FMOV 示例

　　图 8.15 所示为多点传送指令示例，对应的指令为 FMOV K0 D10 K3。当 X10 为 ON 时，执行多点传送指令，根据 K3 指定的目标元件个数为 3，将 K0 传送到 D10～D12 中，传送后 D10～D12 中的内容被 K0 取代。

8.2.3　数据交换指令 XCH

　　数据交换指令的助记符、操作数范围、程序步如表 8.7 所示。

表 8.7　数据交换指令要素

指令名称	助　记　符	指令代码位数	操作数范围		程　序　步
			[D1]	[D2]	
数据交换	XCH XCH(P)	FNC 17 (16/32)	KnY、KnM、KnS、 T、C、D、V、Z	KnY、KnM、KnS、 T、C、D、V、Z	XCH、XCHP…5 步 DXCH、DXCHP…9 步

数据交换指令 XCH 的操作功能为：将两个指定的目的地址中的数据进行相互交换。

图 8.16 所示为数据交换指令示例，对应的指令为 XCH D10 D20。当 X10 为 ON 时，执行数据交换指令，将 D10 和 D20 中的内容互换。

交换指令一般采用脉冲执行方式（指令助记符后面加 P），否则每一个扫描周期都要交换一次。

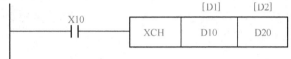

图 8.16　数据交换指令 XCH 示例

8.2.4　BCD 和 BIN 变换指令

（1）BCD 变换指令。

该指令的助记符、操作数范围、程序步如表 8.8 所示。

表 8.8　BCD 变换指令要素

指令名称	助　记　符	指令代码位数	操作数范围		程　序　步
			[S]	[D]	
BCD 变换	BCD BCD(P)	FNC 18 (16/32)	KnX、KnY、KnM、KnS、 T、C、D、V、Z	KnY、KnM、KnS、 T、C、D、V、Z	BCD、BCDP…5 步 DBCD、DBCDP…9 步

BCD 变换指令的操作功能为：将源地址中的二进制数转换为 BCD 码并送到目标地址中。

图 8.17 所示为 BCD 变换指令示例，对应的指令为 BCD D10 K2Y0。当 X10 为 ON 时，执行 BCD 变换指令，将 D10 中的二进制数转换为 BCD 码，然后将其低 8 位内容送到 Y7～Y0 中。

（2）BIN 变换指令。

该指令的助记符、操作数范围、程序步如表 8.9 所示。

表 8.9　BIN 变换指令要素

指令名称	助　记　符	指令代码位数	操作数范围		程　序　步
			[S]	[D]	
BIN 变换	BIN BIN(P)	FNC 19 (16/32)	KnX、KnY、KnM、KnS、 T、C、D、V、Z	KnY、KnM、KnS、 T、C、D、V、Z	BIN、BINP…5 步 DBIN、DBINP…9 步

BIN 变换指令的操作功能为：将源地址中的 BCD 码转换为二进制数并送到目标地址中。此指令的功能与 BCD 变换指令相反。

图 8.18 所示为 BIN 变换指令示例，对应的指令为 BIN K2X0 D10。该指令可以将 BCD 拨盘的设定值通过 X7～X0 输入到 PLC 中。当 X10 为 ON 时，执行 BIN 变换指令，将 X7～X0 端口上输入的两位 BCD 码转换成二进制数，传送到 D10 的低 8 位中。

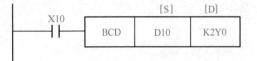

图 8.17　BCD 变换指令示例

图 8.18　BIN 变换指令示例

8.2.5　传送比较指令的基本用途

前述的 MOV、CMP 指令及 SMOV、CML、BMOV、FMOV、XCH、BCD、BIN 和 ZCP 指令统称为传送比较指令，它们是功能指令中使用最频繁的指令。它们的基本用途有以下几个方面。

（1）用来获得程序所需初始数据。这些数据可以从输入端口上连接的外部器件获得，然后通过传送指令读取这些器件上的数据并送到内部单元；初始数据也可以用程序设置，即向内部单元传送立即数；另外，某些运算数据存储在机内的某个地方，等程序开始运行时通过初始化程序传送到工作单元中。

（2）用来进行机内数据的存取管理。在数据运算过程中，机内的数据传送是不可缺少的。因为数据运算可能要涉及不同的工作单元，数据需要在它们之间传送；同时，运算还可能产生一些中间数据，这些数据也要传送到适当的地方暂时存放；另外，有时机内的数据需要备份保存，这就要找地方把这些数据存储妥当。总之，对一个涉及数据运算的程序，数据管理是很重要的。

（3）比较指令常用于建立控制点。控制现场常有将某个物理量的量值或变化区间作为控制点的情况，如温度低于某设定值打开电热器，速度高于或低于某值就报警等。作为一个控制"阀门"，比较指令常出现在工业控制程序中。

8.2.6　触点型比较指令

FX₂ₙ系列 PLC 的比较指令除了前面使用的比较指令 CMP、区间比较指令 ZCP，还有触点型比较指令。触点型比较指令相当于一个触点，执行时比较源操作数 [S1] 和 [S2]，满足比较条件则触点闭合。源操作数 [S1] 和 [S2] 可以取所有的数据类型。以 LD 开始的触点型比较指令接在左侧母线上，以 AND 开始的触点型比较指令应与其他触点或电路串联，以 OR 开始的触点型比较指令应与其他触点或电路并联，各种触点型比较指令如表 8.2 所示。

表 8.2　各种触点型比较指令

助　记　符	命令名称	助　记　符	命令名称
LD	(S1)=(S2)时,运算开始的触点接通	AND<>	(S1)≠(S2)时,串联触点接通
LD>	(S1)>(S2)时,运算开始的触点接通	AND<=	(S1)≤(S2)时,串联触点接通
LD<	(S1)<(S2)时,运算开始的触点接通	AND>=	(S1)≥(S2)时,串联触点接通
LD<>	(S1)≠(S2)时,运算开始的触点接通	OR=	(S1)=(S2)时,并联触点接通
LD<=	(S1)≤(S2)时,运算开始的触点接通	OR>	(S1)>(S2)时,并联触点接通
LD>=	(S1)≥(S2)时,运算开始的触点接通	OR<	(S1)<(S2)时,并联触点接通
AND=	(S1)=(S2)时,串联触点接通	OR<>	(S1)≠(S2)时,并联触点接通
AND>	(S1)>(S2)时,串联触点接通	OR<=	(S1)≤(S2)时,并联触点接通
AND<	(S1)<(S2)时,串联触点接通	OR>=	(S1)≥(S2)时,并联触点接通

在图 8.19（a）中，当 C10 的当前值等于 20 时，Y0 被驱动，当 D200 的值大于十进制数 K-30 且 X0 为 ON 时，Y1 被 SET 指令置位。在图 8.19（b）中，当 X10 为 ON 且 D100 的值大于十进制数 K58 时，Y0 被 RST 指令复位，当 X1 为 ON 或十进制数 K10 大于 C0 的当前值时，Y1 被驱动。

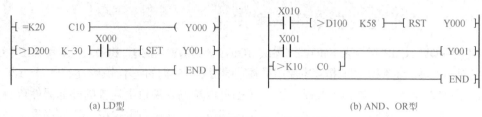

图 8.19　触点型比较指令的使用说明

8.3　传送和比较指令实训

实训 1　用 PLC 功能指令实现电动机的 Y—△ 启动控制

1. 实训目的

（1）掌握字元件、位组合元件的使用。

（2）学会功能指令的编程方法。

（3）掌握 MOV 等功能指令的使用。

2. 控制要求

按电动机 Y—△ 启动控制要求，通电时电动机绕组接成 Y 形启动；当转速上升到一定程度时，电动机绕组接成 △ 形运行。另外，启动过程中的每个状态间应具有一定的时间间隔。

设置启动按钮为 X0，停止按钮为 X1；电路主接触器 KM_1 接于输出口 Y0，电动机 Y 形接法接触器 KM_2 接于输出口 Y1，电动机 △ 形接法接触器 KM_3 接于输出口 Y2。

按照电动机 Y—△ 启动控制要求，通电时 Y0、Y1 应为 ON（传送常数为 1+2=3），电动机 Y 形启动；当转速上升到一定程度时，断开 Y0 和 Y1，接通 Y2（传送常数为 4）；然后接通 Y0、Y2（传送常数为 1+4=5），电动机 △ 形运行；停止时，各输出均为 OFF（传送常数为 0）。另外，启动过程中的每个状态间应有时间间隔，时间间隔由电动机启动特性决定，这里假设启动时间为 8s，Y—△ 转换时间为 2s。

3. 实训要求

（1）输入/输出端口配置。

输　入		输　出	
设　备	端口编号	设　备	端口编号
启动按钮	X0	主电源交流接触器	Y0
停止按钮	X1	Y形启动交流接触器	Y1
		△形运行交流接触器	Y2

（2）画出 I/O 接线图。

（3）用 FX_{2N} 系列 PLC 按工艺要求画出梯形图，写出语句表。

（4）输入程序并进行调试。

（5）梯形图参考程序如图 8.20 所示。

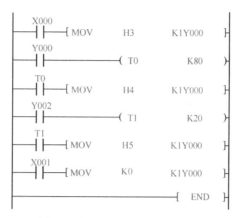

图 8.20　用 PLC 功能指令实现电动机的 Y—△ 启动控制的参考梯形图

实训 2　用 PLC 实现闪光信号灯的闪光频率控制

1. 实训目的

（1）熟悉字元件、位组合元件的使用。

（2）学会功能指令的编程方法。

（3）熟悉 MOV 等功能指令的使用。

2. 控制要求

利用 PLC 应用指令构成一个闪光信号灯，改变输入口所接置数开关可改变闪光频率。

3. 实训要求

（1）输入/输出端口配置。

输　　　入		输　　　出	
设　　备	端口编号	设　　备	端口编号
置数开关	X0	信号灯	Y0
置数开关	X1		
置数开关	X2		
置数开关	X3		
启停开关	X10		

（2）画出 I/O 接线图。

（3）用 FX$_{2N}$ 系列 PLC 按工艺流程画出梯形图，写出语句表。

（4）按基本指令编制程序，进行程序输入并完成系统调试。

（5）参考梯形图如图 8.21 所示。

如图 8.21 所示，第一行实现变址寄存器清零，通电时完成。第二行实现从输入口读入设定开关数据，变址综合后送到定时器 T0 的设定值寄存器 D0，并和第三行配合产生 D0 时间间隔的脉冲。

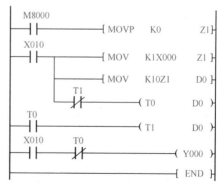

图 8.21　用 PLC 实现闪光信号灯的闪光频率控制的参考梯形图

实训 3 用 PLC 控制密码锁

1. 实训目的

（1）熟悉字元件、位组合元件的使用。

（2）学会功能指令的编程方法。

（3）掌握 CMP 等功能指令的使用。

2. 控制要求

利用 PLC 实现密码锁控制。密码锁有 3 个置数开关（12 个按钮），分别代表 3 个十进制数，如所拨数据与密码锁设定值相符，则 3s 后开启锁，20s 后重新上锁。

密码锁的密码由程序设定，假定为 K283，那么如要解锁，则从 K3X0 上送入的数据应和它相等，这可以用比较指令进行判断，密码锁的开启由 Y0 的输出控制。

3. 原理分析

用比较指令实现密码锁的控制系统设计。置数开关有 12 条输出线，分别接入 X0～X3，X4～X7，X10～X13，其中，X0～X3 代表第一个十进制数，X4～X7 代表第二个十进制数，X10～X13 代表第三个十进制数，密码锁的控制信号从 Y0 输出。

4. 实训要求

（1）输入/输出端口配置。

输　　入		输　　出	
设　　备	端口编号	设　　备	端口编号
密码个位	X0～X3	密码锁控制信号	Y0
密码十位	X4～X7		
密码百位	X10～X13		

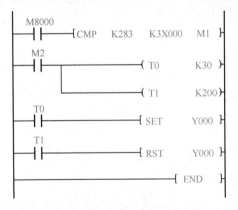

图 8.22　用 PLC 实现密码锁控制的参考梯形图

（2）画出 I/O 接线图。

（3）用 FX$_{2N}$ 系列 PLC 按工艺流程画出梯形图，写出语句表。

（4）按基本指令编制程序，进行程序输入并完成系统调试。

（5）参考梯形图如图 8.22 所示。

实训 4　简易定时、报时器

1. 实训目的

（1）熟悉功能指令的编程方法。

（2）掌握 CMP、ZCP 等功能指令的使用。

2. 控制要求

利用计数器和比较指令，设计 24h 可设定定时时间的住宅控制器的控制程序（每刻钟为一个设定单位，即 24h 共有 96 个时间单位），要求实现如下控制。

（1）早上 6：30，闹钟每秒响一次，10s 后自动停止。

（2）9：00～17：00，启动住宅报警系统。

（3）晚上 6 点打开住宅照明。

（4）晚上 10：00 关闭住宅照明。

X0 为启停开关；X1 为 15min 快速调整与试验开关；X2 为格数设定的快速调整与试验开关。使用时，早 0：00 时启动定时器。C0 为 15min 计数器，当按下 X0 时，C0 当前值每过 1s 加 1，当 C0 当前值等于设定值 K900 时，即为 15min。C1 为 96 格计数器，它的当前值每过 15min 加 1，当 C1 当前值等于设定值 K96 时，即为 24h。另外，十进制常数 K26、K36、K68、K72、K88 分别为 6：30、9：00、17：00、18：00 和 22：00 的时间点。梯形图中 X1 为 15min 快速调整与试验开关，它每过 10ms 加 1（M8011）；X2 为格数设定的快速调整与试验开关，它每过 100ms 加 1（M8012）。

3. 实训要求

（1）输入/输出端口配置。

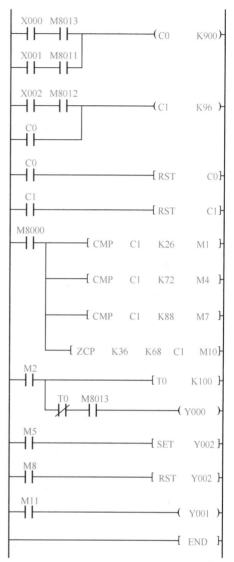

图 8.23　简易定时、报时器参考梯形图

输　　入		输　　出	
设　备	端口编号	设　备	端口编号
启停开关	X0	闹钟	Y0
15min 试验	X1	住宅报警监控	Y1
格数试验	X2	住宅照明	Y2

（2）画出 I/O 接线图。

（3）用 FX$_{2N}$ 系列 PLC 按工艺流程画出梯形图，写出语句表。

（4）按基本指令编制程序，进行程序输入并完成系统调试。

（5）参考梯形图如图 8.23 所示。

实训 5　外置数计数器

1. 实训目的

（1）熟悉功能指令的编程方法。

（2）掌握 BIN 等功能指令的使用。

2. 控制要求

本实训要求设计这样一种外置数计数器。二位拨码开关接于 X0～X7，通过它可以自由设定数值在 99 以下的计数值；X10 为计数脉冲；X11 为启停开关，Y0 为计数器 C0 的控制对象，当计数器 C0 的当前值与由拨码开关设定的计数器设定值相同时，Y0 被驱动。C0 计数值是否与外部拨码开关设定值一致，借助比较指令判断。需要注意的是，由拨码开关送入的值为 BCD 码，要用二进制转换指令进行数制的变换，因为比较操作只对二进制数有效。

3. 实训要求

（1）输入/输出端口配置。

输 入		输 出	
设 备	端口编号	设 备	端口编号
拨码开关	X0～X7	控制对象	Y0
计数脉冲	X10		
启停开关	X11		

（2）画出 I/O 接线图。

（3）用 FX$_{2N}$ 系列 PLC 按工艺流程画出梯形图，写出语句表。

（4）按基本指令编制程序，进行程序输入并完成系统调试。

（5）参考梯形图如图 8.24 所示。

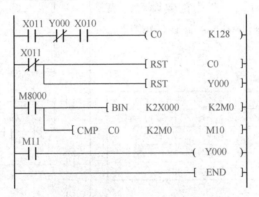

图 8.24　外置数计数器的参考梯形图

思考与练习

8.1　什么是功能指令？功能指令有何作用？

8.2　什么叫位元件？什么叫字元件？它们有什么区别？

8.3　数据寄存器有哪些类型？具有什么特点？试简要说明。

8.4　32 位数据寄存器是如何组成的？

8.5　什么是文件寄存器？它分有几类？有什么作用？

8.6　什么是变址寄存器？它有什么作用？试举例说明。

8.7　指针为何种类型软元件？有什么作用？试举例说明。

8.8　位元件如何组成字元件？试举例说明。

8.9　以下软元件为何种类型软元件？由几位组成？

　　　X001　D20　S20　K4X000　V2　X010　K2Y000　M019

8.10　功能指令在梯形图中采用怎样的结构表达形式？有什么优点？

8.11 功能指令有哪些使用要素？叙述它们的使用意义。

8.12 在如图 8.25 所示的功能指令表中，X0、（D）、（P）、D10、D14 分别表示什么？该指令有什么功能？程序为几步？

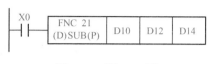

图 8.25 题 8.12 图

8.13 FX_{2N}系列 PLC 数据传送比较指令有哪些？简述这些指令的编号、功能、操作数范围等。

8.14 用 CMP 指令实现下列功能：X000 为脉冲输入，当脉冲数大于 5 时，Y1 为 ON；反之，Y0 为 ON。编写此梯形图程序。

8.15 三台电动机相隔 10s 启动，各运行 30s 后停止，循环往复。请使用传送比较指令完成控制要求。

8.16 试用比较指令设计一密码锁控制电路。密码锁为四键，若按 H65 对后 2s，开照明 Y0；若按 H87 对后 3s，开空调 Y1。

8.17 试设计一台计时精确到秒的闹钟，每天早上 6 点提醒你按时起床。

8.18 用传送与比较指令作简易四层升降机的自动控制。要求：① 只有在升降机停止时，才能呼叫升降机；② 只能接收一层呼叫信号，先按者优先，后按者无效；③ 上升或下降或停止自动判别。

8.19 设计一段程序，当输入条件满足时，依次将计数器 C0～C9 的当前值转换成 BCD 码送到输出元件 K4Y0 中，试画出梯形图程序。

8.20 用比较器构成密码锁系统，密码锁有 12 个按钮，分别接入 X0～X13，其中 X0～X3 代表第 1 个十六进制数，X4～X7 代表第 2 个十六进制数，X10～X13 代表第 3 个十六进制数。设计要求：每次同时按四个键，代表一个十六进制数，12 个按钮 X0～X13 各按一次，表示设定了 3 位十六进制数，如与密码锁设定值都符合，3s 后，可开启锁，10s 后，关锁。假定密码为 H2A4、HIE、H151、H18A，请设计梯形图。

8.21 有 4 台电动机相隔 10s 启动，各运行 50s 停止，试用功能指令编写控制程序。

8.22 设计一密码锁控制电路。开锁时间规定为 6 点半，密码为 H2A，若这两个条件均符合，5s 后，开锁 Y0；按 X1 关锁。

8.23 设计一台定时器，每天上午 9 点打铃（Y0）上班，下午 5 点打铃（Y0）下班，每次铃响时长为 5s，间隔为 1s。编写此梯形图程序。

第9章 数据处理指令
应用与实训

219

本章要点

1. 掌握算术运算和逻辑运算指令的基本格式和编程方法。
2. 掌握循环移位与移位指令的基本格式和编程方法。
3. 掌握数据处理指令的基本格式和编程方法。
4. 掌握数据处理指令的应用及使用注意事项。

9.1 算术运算和逻辑运算指令

PLC 有两种四则运算，即整数四则运算和实数四则运算。前者指令较简单，参与运算的数据只能是整数，非整数参与运算需先取整，除法运算的结果为商和余数。当整数进行较高准确度要求的四则运算时，需将小数点前后的数值分别计算再将数据组合起来，除法运算时，要对余数做多次运算才能形成最后的商，这就使程序的设计非常烦琐。与之相比，实数运算是浮点数运算，是一种高准确度的运算。

1. 二进制加法指令（ADD）

该指令的助记符、操作数范围、程序步如表 9.1 所示。

表 9.1 加法指令要素

指令名称	助 记 符	指令代码位数	操作数范围			程 序 步
			[S1]	[S2]	[D]	
加法	ADD ADD(P)	FNC 20 (16/32)	K、H、 KnX、KnY、KnM、KnS、 T、C、D、V、Z		KnY、KnM、KnS、 T、C、D、V、Z	ADD、ADDP…7 步 DADD、DADDP…13 步

二进制加法指令 ADD（Addition）的格式为：ADD [S1] [S2] [D]。

加法指令 ADD 是将指令的源元件中的二进制数相加，将结果送到指定的目标元件中。加法指令 ADD 的使用说明如图 9.1 所示。当执行条件 X0 为 ON 时，[D10]+[D12]→[D14]。

使用 ADD 指令时应注意以下几点。

（1）加法指令 ADD 有 3 个常用标志。M8020 为零标志，M8021 为借位标志，M8022 为进位标志。

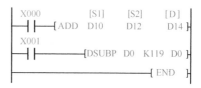

图 9.1　二进制加法、减法指令的使用说明

如果运算结果为 0，则零标志 M8020 置"1"；如果运算结果超过 32 767（16 位）或 2 147 483 647（32 位），则进位标志 M8022 置"1"；如果运算结果小于 -32 767（16 位）或 -2 147 483 647（32 位），则借位标志 M8021 置"1"。

（2）在 32 位运算中，被指定的字元件是低 16 位元件，而下一个字元件是高 16 位元件。源元件和目标元件可以用相同的元件号。

（3）若源元件号和目标元件号相同且采用连续执行的 ADD、（D）ADD 指令，则加法的结果在每个扫描周期都会改变，此时 ADD 指令一般采用脉冲执行型。

（4）四则运算都是代数运算。

2. 二进制减法指令（SUB）

该指令的助记符、操作数范围、程序步如表 9.2 所示。

表 9.2　减法指令要素

指令名称	助记符	指令代码位数	操作数范围			程序步
			[S1]	[S2]	[D]	
减法	SUB SUB（P）	FNC 21 （16/32）	K、H、 KnX、KnY、KnM、KnS、 T、C、D、V、Z		KnY、KnM、KnS、 T、C、D、V、Z	SUB、SUBP…7 步 DSUB、DSUBP…13 步

二进制减法指令 SUB（Subtraction）的格式为：SUB［S1］［S2］［D］。

减法指令 SUB 是将指定的源元件中的二进制数相减，将结果送到指定的目标元件中。减法指令 SUB 的使用说明如图 9.1 所示。当执行条件 X1 由 OFF→ON 时，［D0］-K119→［D0］。

减法指令的各种标志的动作、32 位运算中软元件的指定方法、连续执行型和脉冲执行型的差异等均与加法指令相同。

3. 二进制乘法指令（MUL）

该指令的助记符、操作数范围、程序步如表 9.3 所示。

表 9.3　乘法指令要素

指令名称	助记符	指令代码位数	操作数范围			程序步
			[S1]	[S2]	[D]	
乘法	MUL MUL（P）	FNC 22 （16/32）	K、H、 KnX、KnY、KnM、KnS、 T、C、D、Z		KnY、KnM、KnS、 T、C、D	MUL、MULP…7 步 DMUL、DMULP…13 步

二进制乘法指令 MUL（Multiplication）的格式为：MUL［S1］［S2］［D］。

乘法指令 MUL 是将指定的源元件中的二进制数相乘，将结果送到指定的目标元件中。乘法指令 MUL 分 16 位和 32 位两种情况。

如图 9.2 所示为 16 位运算，执行条件 X0 由 OFF→ON 时，［D0］×［D2］→［D5，D4］。源

操作数是 16 位，目标操作数是 32 位。当［D0］＝8，［D2］＝9 时，［D5,D4］＝72。最高位为符号位，0 为正，1 为负。

当为 32 位运算，执行条件 X0 由 OFF→ON 时，［D1,D0］×［D3,D2］→［D7,D6,D5,D4］。源操作数是 32 位，目标操作数是 64 位。当［D1,D0］＝238，［D3,D2］＝189 时，［D7,D6,D5,D4］＝44 982。最高位为符号位，0 为正，1 为负。

将位组合元件用于目标操作数时，限于 n 的取值，只能得到低 32 位的结果，不能得到高 32 位的结果。这时应将数据移入字元件再进行计算。用字元件时，不能监视 64 位数据，只能监视高 32 位和低 32 位数据。V 和 Z 不能用于［D］中。

4. 二进制除法指令（DIV）

该指令的助记符、操作数范围、程序步如表 9.4 所示。

表 9.4　除法指令要素

指令名称	助 记 符	指令代码位数	操作数范围			程 序 步
			［S1］	［S2］	［D］	
除法	DIV DIV(P)	FNC 23 (16/32)	K、H、 KnX、KnY、KnM、KnS、 T、C、D、Z		KnY、KnM、KnS、 T、C、D	DIV、DIVP…7 步 DDIV、DDIVP…13 步

二进制除法指令 DIV（Division）的格式为：DIV［S1］［S2］［D］。

除法指令 DIV 是将指定的源元件中的二进制数相除，［S1］为被除数，［S2］为除数，将商送到指定的目标元件［D］中，余数送到［D］的下一个目标元件［D+1］中。除法指令 DIV 的使用说明如图 9.2 所示。它也分 16 位和 32 位两种情况。

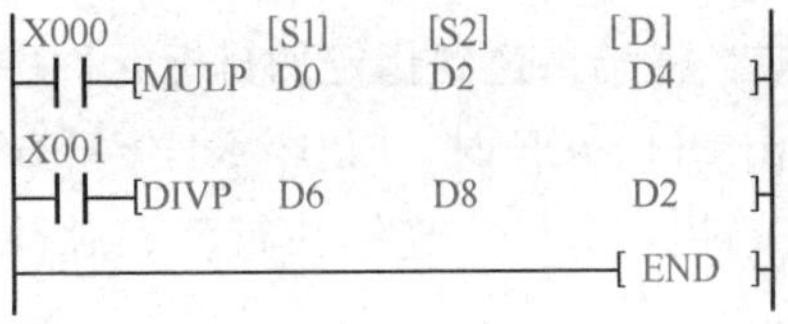

```
       X000        [S1]   [S2]    [D]
       ├─┤──[MULP   D0     D2     D4 ]─┤
       X001
       ├─┤──[DIVP   D6     D8     D2 ]─┤
                                  ─[ END ]─┤
```

图 9.2　二进制乘法、除法指令的使用说明

当为 16 位运算，执行条件 X1 由 OFF→ON 时，［D6］除以［D8］，商在［D2］中，余数在［D3］中。当［D6］＝19，［D8］＝3 时，［D2］＝6，［D3］＝1。V 和 Z 不能用于［D］中。

当为 32 位运算，执行条件 X1 由 OFF→ON 时，［D7,D6］除以［D9,D8］，商在［D3,D2］中，余数在［D5,D4］中。V 和 Z 不能用于［D］中。

当除数为 0 时，有运算错误，不执行指令。若［D］为指定位元件，则得不到余数。

商和余数的最高位是符号位。被除数或除数中有一个为负时，商为负数；被除数为负数时，余数为负数。

5. 加 1 指令（INC）

该指令的助记符、操作数范围、程序步如表 9.5 所示。

表 9.5　加 1 指令要素

指令名称	助 记 符	指令代码位数	操作数范围	程 序 步
			［D］	
加 1	INC INC(P)	FNC 24 (16/32)	KnY、KnM、KnS、 T、C、D、V、Z	INC、INCP…3 步 DINC、DINCP…5 步

加 1 指令 INC（Increment）的格式为：INC［D］。

加 1 指令的使用说明如图 9.3 所示。当 X0 由 OFF→ON 时，由［D］指定的元件 D10 中的二进制数自动加 1。若用连续指令，则每个扫描周期加 1。

在进行 16 位运算时，+32 767 再加 1 就变为-32 768，但标志不置位。同样，在进行 32 位运算时，+2 147 483 647 再加 1 就为-2 147 483 648，标志也不置位。

6. 减 1 指令（DEC）

该指令的助记符、操作数范围、程序步如表 9.6 所示。

表 9.6　减 1 指令要素

指令名称	助　记　符	指令代码位数	操作数范围 ［D］	程　序　步
减 1	DEC DEC（P）	FNC 25 （16/32）	KnY、KnM、KnS、 T、C、D、V、Z	DEC、DECP…3 步 DDEC、DDECP…5 步

减 1 指令 DEC（Decrement）的格式为：DEC［D］。

减 1 指令的使用说明如图 9.4 所示。当 X1 由 OFF→ON 时，由［D］指定的元件 D10 中的二进制数自动减 1。若用连续指令，则每个扫描周期减 1。

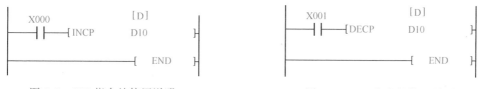

图 9.3　INC 指令的使用说明　　　　图 9.4　DEC 指令的使用说明

在进行 16 位运算时，-32 767 再减 1 就变为+32 768，但标志不置位。同样，在进行 32 位运算时，-2 147 483 647 再减 1 就为+2 147 483 648，标志也不置位。

7. 字逻辑与指令（WAND）

该指令的助记符、操作数范围、程序步如表 9.7 所示。

表 9.7　字逻辑与指令要素

指令名称	助　记　符	指令代码位数	操作数范围 ［S1］	［S2］	［D］	程　序　步
字逻辑与	WAND WAND（P）	FNC 26 （16/32）	K、H、 KnX、KnY、KnM、KnS、 T、C、D、V、Z		KnY、KnM、KnS、 T、C、D、V、Z	WAND、WANDP…7 步 DWANDC、DWANDP…13 步

字逻辑与指令 WAND 的格式为：WAND［S1］［S2］［D］。

字逻辑与指令的使用说明如图 9.5 所示。当 X0 为 ON 时，［S1］指定的 D10 和［S2］指定的 D12 的数据按位对应，进行逻辑字“与”运算，结果存于［D］指定的元件 D14 中。字逻辑与指令除了有 WAND 形式，还有 DWAND、WANDP 和 DWANDP 三种形式。

图 9.5　字逻辑与指令 WAND 的使用说明

8. 字逻辑或指令（WOR）

该指令的助记符、操作数范围、程序步如表9.8所示。

表 9.8　字逻辑或指令要素

指令名称	助 记 符	指令代码位数	操作数范围			程 序 步
			[S1]	[S2]	[D]	
字逻辑或	WOR WOR(P)	FNC 27 (16/32)	K、H、 KnX、KnY、KnM、KnS、 T、C、D、V、Z		KnY、KnM、KnS、 T、C、D、V、Z	WOR、WORP…7步 DWOR、DWORP…13步

字逻辑或指令 WOR 的格式为：WOR［S1］［S2］［D］。

字逻辑或指令的使用说明如图9.6所示。当 X1 为 ON 时，［S1］指定的 D10 和［S2］指定的 D12 的数据按位对应，进行逻辑字"或"运算，结果存于［D］指定的元件 D14 中。字逻辑或指令除了有 WOR 形式，还有 DWOR、WORP 和 DWORP 三种形式。

图 9.6　字逻辑或指令 WOR 的使用说明

9. 字逻辑异或指令（WXOR）

该指令的助记符、操作数范围、程序步如表9.9所示。

表 9.9　字逻辑异或指令要素

指令名称	助 记 符	指令代码位数	操作数范围			程 序 步
			[S1]	[S2]	[D]	
字逻辑异或	WXOR WXOR(P)	FNC 28 (16/32)	K、H、 KnX、KnY、KnM、KnS、 T、C、D、V、Z		KnY、KnM、KnS、 T、C、D、V、Z	WXOR、WXORP…7步 DWXOR、DWXORP…13步

字逻辑异或指令 WXOR（Exclusive Or）的格式为：WXOR［S1］［S2］［D］。

字逻辑异或指令的使用说明如图9.7所示。当 X2 为 ON 时，［S1］指定的 D10 和［S2］指定的 D12 的数据按位对应，进行逻辑字"异或"运算，结果存于［D］指定的元件 D14 中。字逻辑异或指令除了有 WXOR 形式，还有 DWXOR、WXORP 和 DWXORP 三种形式。

10. 求补指令（NEG）

求补指令 NEG 只有目标操作数，如图9.8所示。它将［D］指定的数的每一位取反后再加1，结果存于同一元件中，求补指令实际上是绝对值不变的变号操作。

FX 系列 PLC 的负数用 2 的补码形式来表示，最高位为符号位，正数时该位为 0，负数时该位为 1，将负数求补后得到它的绝对值。

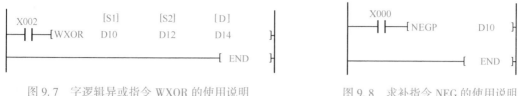

图 9.7　字逻辑异或指令 WXOR 的使用说明　　　　图 9.8　求补指令 NEG 的使用说明

9.2　循环移位与移位指令

1. 循环右移指令（ROR）

该指令的助记符、操作数范围、程序步如表 9.10 所示。

表 9.10　循环右移指令要素

指 令 名 称	助 记 符	指令代码位数	操作数范围		程 序 步
			[D]	n	
循环右移	ROR ROR(P)	FNC 30 (16/32)	KnY、KnM、KnS、 T、C、D、V、Z	K、H 移位量 n≤16(16 位) n≤32(32 位)	ROR、RORP…5 步 DROR、DRORP…9 步

循环移位是指数据在本字节或双字节的移位，是一种环形移动。

循环右移指令 ROR 能使 16 位数据、32 位数据向右循环移位，如图 9.9 所示。当 X4 由 OFF→ON 时，[D] 内各位数据向右移 n 位，最后一次从最低位移出的状态存于进位标志 M8022 中。若用连续指令执行时，循环移位操作每个周期执行一次。若 [D] 为指定位软元件，则只有 K4（16 位指令）或 K8（32 位指令）有效。

2. 循环左移指令（ROL）

循环左移指令 ROL 能使 16 位数据、32 位数据向左循环移位，如图 9.10 所示。当 X1 由 OFF→ON 时，[D] 内各位数据向左移 n 位，最后一次从最高位移出的状态存于进位标志 M8022 中。若用连续指令执行，则循环移位操作每个周期执行一次。若 [D] 为指定位软元件，则只有 K4（16 位指令）或 K8（32 位指令）有效。

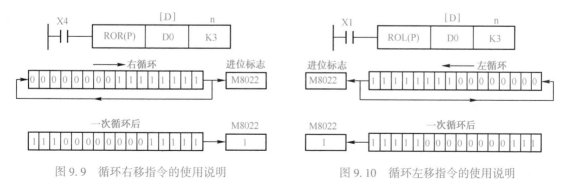

图 9.9　循环右移指令的使用说明　　　　图 9.10　循环左移指令的使用说明

3. 带进位的右循环移位指令 RCR

带进位的右循环移位指令 RCR 的操作数和 n 的取值范围与循环移位指令相同。如图 9.11 所示，在执行 RCR 时，各位的数据与进位位 M8022 一起（16 位指令时一共 17位）向右循环移动 n 位。在循环中移出的位送入进位标志，后者又被送回到目标操作数的另一端。

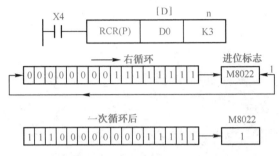

图 9.11　带进位的右循环移位指令 RCR 的使用说明

4. 带进位的左循环移位指令 RCL

带进位的左循环移位指令 RCL 的操作数和 n 的取值范围与循环移位指令相同。如图 9.12所示，在执行 RCL 时，各位的数据与进位位 M8022 一起（16 位指令时一共 17 位）向左循环移动 n 位。在循环中移出的位送入进位标志，后者又被送回到目标操作数的另一端。

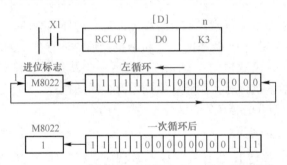

图 9.12　带进位的左循环移位指令 RCL 的使用说明

5. 位右移指令（SFTR）

该指令的助记符、操作数范围、程序步如表 9.11 所示。

表 9.11　位右移指令要素

指令名称	助 记 符	指令代码位数	操作数范围				程 序 步
			[S]	[D]	n1	n2	
位右移	SFTR SFTR(P)	FNC 34 (16)	X、Y、M、S	Y、M、S	K、H		SFTR、SFTRP…9 步

位右移指令 SFTR（Shift Right）的格式为：SFTR [S] [D] n1 n2。

位右移指令 SFTR 是把 n1 位 [D] 所指定的位元件和 n2 位 [S] 所指定的位元件的位进行右移的指令，要求 n2≤n1≤1024，如图 9.13 所示。每当 X10 由 OFF→ON 时，[D] 内（M0～M15）各位数据连同 [S] 内（X0～X3）4 位数据向右移 4 位，即(M3～M0)→溢出，(M7～M4)→(M3～M0)，(M11～M8)→(M7～M4)，(M15～M12)→(M11～M8)，(X3～X0)→(M15～M12)。

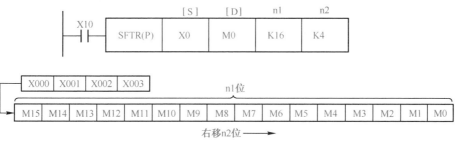

图 9.13　位右移指令的使用说明

6. 位左移指令（SFTL）

位左移指令 SFTL（Shift Left）的格式为：SFTL ［S］［D］n1 n2。

位左移指令 SFTL 是把 n1 位［D］所指定的位元件和 n2 位［S］所指定的位元件的位进行左移的指令，要求 n2≤n1≤1024，如图 9.14 所示。每当 X10 由 OFF→ON 时，［D］内（M0～M15）各位数据连同［S］内（X0～X3）4 位数据向左移 4 位。

图 9.14　位左移指令的使用说明

如果 X10 为 ON，则执行位左移指令，目标位元件组 M15～M0（n1 为 16）中的 16 位数据将左移 4 位（n2 为 4），M15～M12 从高位端移出，X3～X0 中的 4 位数据将被传送到 M3～M0，所以 M15～M12 中原来的内容将会丢失，但源位元件 X3～X0 中的内容保持不变。位左移指令执行过程示意图如图 9.15 所示。

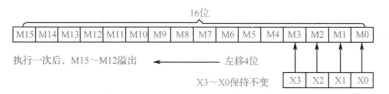

图 9.15　位左移指令执行过程示意图

7. 字右移指令（WSFR）

该指令的助记符、操作数范围、程序步如表 9.12 所示。

表 9.12　字右移指令要素

指令名称	助　记　符	指令代码位数	操作数范围				程　序　步
			［S］	［D］	n1	n2	
字右移	WSFR WSFR（P）	FNC 34 (16)	X、Y、M、S	Y、M、S	K、H		WSFR、WSFRP…9 步

字右移指令 WSFR（Word Shift Right）的格式为：WSFR［S］［D］n1 n2。

字右移指令 WSFR 是把［D］所指定的 n1 位字的字元件与［S］所指定的 n2 位字的字元件进行右移的指令，要求 n2≤n1≤1024，如图 9.16 所示。每当 X0 由 OFF→ON 时，［D］内（D10～D25）16 位字数据连同［S］内（D0～D3）4 位字数据向右移 4 位，即（D13～D10）→溢出，（D17～D14）→（D13～D10），（D21～D18）→（D17～D14），（D25～D22）→（D21～D18），（D0～D3）→（D25～D22）。

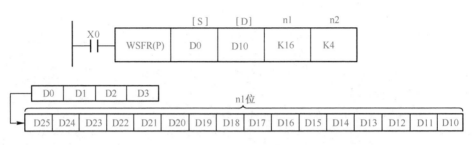

图 9.16　字右移指令的使用说明

8. 字左移指令（WSFL）

字左移指令 WSFL（Word Shift Left）的格式为：WSFL［S］［D］n1 n2。

字左移指令 WSFL 是把［D］所指定的 n1 位字的字元件与［S］所指定的 n2 位字的字元件进行左移的指令，要求 n2≤n1≤1024，如图 9.17 所示。每当 X0 由 OFF→ON 时，［D］内（D10～D25）16 位字数据连同［S］内（D0～D3）4 位字数据向左移 4 位。

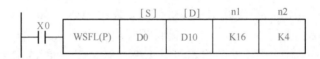

图 9.17　字左移指令的使用说明

如果 X0 为 ON，则执行字元件左移操作，目标字元件组 D25～D10（n1 为 16）中的 16 个数据字左移 4 位（n2 为 4），D25～D22 中的 4 个数据字被移出，D3～D0 中的 4 个数据字被传送到目标元件的 D13～D10 中，所以 D25～D22 中原来的数据字会丢失，但源字元件 D3～D0 中的内容保持不变。字左移指令执行过程示意图如图 9.18 所示。

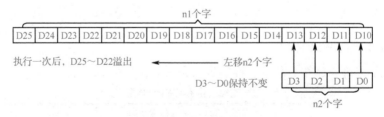

图 9.18　字左移指令执行过程示意图

9. 移位寄存器写入指令（SFWR）

移位寄存器又称 FIFO（先进先出）堆栈，堆栈的长度范围为 2～512 字。

移位寄存器写入指令 SFWR 是先进先出控制的数据写入指令，如图 9.19 所示。当 X0 由 OFF→ON 时，将 [S] 所指定的 D0 中的数据存储在 D2 中，[D] 所指定的指针 D1 的内容变为 1。若改变了 D0 的数据，当 X0 再由 OFF→ON 时，又将 D0 的数据存储在 D3 中，D1 的内容变为 2。依此类推，D1 内的数为数据存储点数。如超过 n−1，则变成无法处理，这时进位标志 M8022 动作。

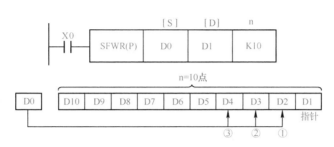

图 9.19　FIFO 写入指令的使用说明

10. 移位寄存器读出指令（SFRD）

移位寄存器读出指令 SFRD 是先进先出控制的数据读出指令，如图 9.20 所示。当 X0 由 OFF→ON 时，将 D2 的数据传送到 D20 内，与此同时，指针 D1 的内容减 1。D3 ～ D10 的数据向右移。当 X0 再由 OFF→ON 时，即原 D3 中的内容传送到 D20 中，D1 的内容再减 1。依此类推，当 D1 的内容为 0 时，上述操作不再执行，零标志 M8022 动作。

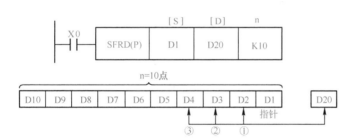

图 9.20　FIFO 读出指令的使用说明

9.3　数据处理指令

1. 译码指令（DECO）

该指令的助记符、操作数范围、程序步如表 9.13 所示。

表 9.13　译码指令要素

指令名称	助记符	指令代码位数	操作数范围			程序步
			[S]	[D]	n	
译码	DECO DECO(P)	FNC 41 (16)	K、H、 X、Y、M、S、 T、C、D、V、Z	Y、M、S、 T、C、D	K、H 1≤n≤8	DECO、DECOP…7 步

译码指令 DECO（Decode）的指令格式为：DECO [S] [D] n。

译码指令相当于数字电路中译码电路的功能。译码指令 DECO 有两种用法，如图 9.21 所示。

（1）当［D］为位元件时，如图 9.21（a）所示，若以［S］为首地址的 n 位连续的位元件所表示的十进制码值为 N，则 DECO 指令把以［D］为首地址的目标元件的第 N 位（不含目标元件位本身）置"1"，其他位置"0"。

图 9.21（a）中的源数据与译码值的对应关系如表 9.14 所示。当源数据 N = 1+2 = 3 时，则从 M10 开始的第 3 位 M13 为"1"。当源数据 N = 0 时，则第 0 位（M10）为"1"。若 n = 0，则程序不执行；若 n 是 1～8 以外的数据，则出现运算错误。若 n = 8，则［D］的位数为 $2^8 = 256$。驱动输入 X4 为 OFF 时，不执行指令，上一次译码输出置"1"的位保持不变。

（2）当［D］是字元件时，若以［S］所指定字元件的低 n 位表示的十进制码值为 N，则 DECO 指令把以［D］所指定目标字元件的第 N 位（不含最低位）置"1"，其他位置"0"。如图 9.21（b）所示，当源数据 N = 1+2 = 3 时，则 D1 的第 3 位为"1"。当源数据为 0 时，则 D1 的第 0 位为"1"。若 n = 0，则程序不执行；若 n 是 0～4 以外的数据，则出现运算错误。若 n = 4，则［D］的位数为 $2^4 = 16$。驱动输入 X4 为 OFF 时，不执行指令，上一次译码输出置"1"的位保持不变。

若指令是连续执行型，则在每个扫描周期都会执行一次。

若目标操作数是位元件，则要求源组件的位数 $1 \leqslant n \leqslant 8$。

若目标操作数是字元件，由于 T、C、D 都是 16 位的，则要求 $1 \leqslant n \leqslant 4$。

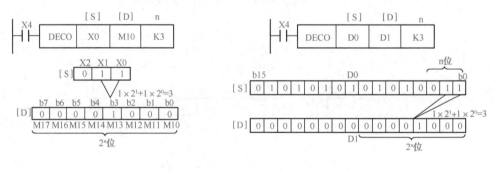

(a) [D]为位元件　　　　　　　　　　　　(b) [D]为字元件

图 9.21　译码指令的使用说明

表 9.14　源数据与译码值的对应关系

[S]			[D]							
X2	X1	X0	M17	M16	M15	M14	M13	M12	M11	M10
0	0	0	0	0	0	0	0	0	0	1
0	0	1	0	0	0	0	0	0	1	0
0	1	0	0	0	0	0	0	1	0	0
0	1	1	0	0	0	0	1	0	0	0
1	0	0	0	0	0	1	0	0	0	0
1	0	1	0	0	1	0	0	0	0	0
1	1	0	0	1	0	0	0	0	0	0
1	1	1	1	0	0	0	0	0	0	0

2. 编码指令（ENCO）

该指令的助记符、操作数范围、程序步如表 9.15 所示。

表 9.15　编码指令要素

指令名称	助 记 符	指令代码位数	操作数范围			程 序 步
			[S]	[D]	n	
编码	ENCO ENCO(P)	FNC 42 (16)	X、Y、M、S、 T、C、D、V、Z	T、C、D、V、Z	K、H $1 \leq n \leq 8$	ENCO、ENCOP…7 步

编码指令 ENCO（Encode）的格式为：ENCO [S] [D] n。

编码指令相当于数字电路中编码电路的功能。与译码指令 DECO 一样，编码指令 ENCO 也有两种用法，如图 9.22 所示。

（1）当 [S] 是位元件时，将以 [S] 为首地址，长度为 2^n 的位元件，最高置 "1" 的位存放到目标 [D] 所指定的元件中，[D] 中数值的范围由 n 确定。如图 9.22（a）所示，源元件的长度为 $2^n = 8$ 位（M10～M17），其最高置 "1" 的位是 M13，即第 3 位。将 3 进行二进制转换，则 D10 的低 3 位为 011。

当源数据的第一个（第 0 位）位元件为 "1" 时，[D] 中存放 0。当源数据中无 "1" 时，则出现运算错误。

若 n=0，则程序不执行；若 n 是 0～8 以外的数据，则出现运算错误。若 n=8，则 [S] 的位数为 $2^8 = 256$。驱动输入 X5 为 OFF 时，不执行指令，上次编码输出保持不变。

（2）当 [S] 为字元件时，可做同样的分析，如图 9.22（b）所示。

说明：当 [S] 内的多个位为 "1" 时，低位可忽略不计。若指令是连续执行型，则在每个扫描周期都会执行一次。

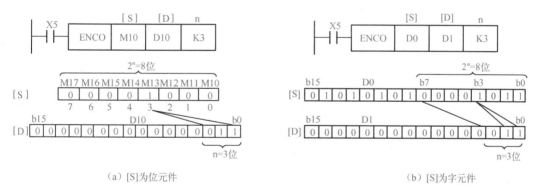

（a）[S]为位元件　　　　　　　　　　　　　（b）[S]为字元件

图 9.22　编码指令的使用说明

3. 平均值指令 MEAN

求平均值指令 MEAN 的指令格式为：MEAN [S] [D] n。

求平均值指令 MEAN 的操作功能为：计算 n 个源操作数的平均值，将结果送到目标元件中。其中，源操作数可以取 KnX、KnY、KnM、KnS、T、C 和 D，目标操作数可以取 KnY、KnM、KnS、T、C、D、V 和 Z，n 可以取 1～64。

图 9.23　平均值指令 MEAN 的示例梯形图

平均值指令 MEAN 的示例梯形图如图 9.23 所示。当 X0 为 ON 时，执行 MEAN 指令，取出 D0～D2 的连续 3 个数据寄存器中的内容，求出其算术平均值后送入 D10 寄存器中。

4. 平方根指令 SQR

平方根指令 SQR（Square Root）的格式为：SQR [S] [D]。

平方根指令 SQR 的源操作数可以取 K、H、D，目标操作数为 D，其功能为：求源操作数的平方根，将结果送入目标操作数中。

平方根指令 SQR 的示例梯形图如图 9.24 所示。当 X10 为 ON 时，执行 SQR 指令，求出 D10 的平方根，将结果送入 D20 中。

5. 浮点数转换指令 FLT

浮点数转换指令 FLT（Floating Point）的格式为：FLT [S] [D]。

浮点数转换指令 FLT 的源操作数和目标操作数均为数据寄存器 D，浮点数转换指令的示例梯形图如图 9.25 所示。当 X10 为 ON 时，执行 FLT 指令，将 D10 中的二进制数转换成浮点数，并送入 D21 和 D20 中。

图 9.24　平均根指令 SQR 的示例梯形图

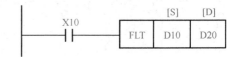

图 9.25　浮点数转换指令 FLT 的示例梯形图

9.4　报警器置位、复位指令

1. 报警器置位指令 ANS

报警器置位指令 ANS（Annunciator Set）的格式为：ANS [S] n [D]。

报警器置位指令 ANS 的功能为：启动定时器，当延时时间到时，把相应的状态元件置 1。其中，源操作数为 T0～T199，目标操作数为 S900～S999，n＝1～32 767（定时器的设定值）。

报警器置位指令 ANS 的示例梯形图如图 9.26 所示。如果 X10 的 ON 时间超过 K20 所设定的 2s，将置位 S900，之后，若 X10 变为 OFF，则 T0 复位，但 S900 不复位。若 X10 为 ON 的时间不足 2s，则 T0 立即复位，S900 没有动作。

2. 报警器复位指令 ANR

报警器复位指令 ANR（Annunciator Reset）的格式为：ANR，无操作数。

报警器复位指令的功能为：如果满足执行条件，已经置位的 S900～S999 中元件号最小的报警器将复位。

报警器复位指令 ANR 的示例梯形图如图 9.27 所示。若执行条件 X10 产生上升沿变化，则将置位的 S900～S999 中元件号最小的报警器复位；当 X10 再次产生上升沿变化时，又将此时元件号最小的报警器复位，依此类推。

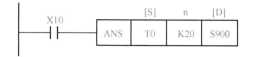

图 9.26 报警器置位指令 ANS 的示例梯形图　　　图 9.27 报警器复位指令 ANR 的示例梯形图

在使用指令 ANS 和 ANR 时，状态标志 S900～S999 用作外部故障诊断的输出，称为信号报警器。根据报警器的工作原理，当 S900～S999 中任意一个为 ON 时，M8048 就动作，可以用 M8048 驱动相应的报警输出。

9.5 方便指令

1. 置初始状态指令 IST

置初始状态指令 IST（Initial State）的格式为：IST［S］［D1］［D2］。

置初始状态指令 IST 与 STL 指令一起使用，用于自动设置多种工作方式的顺序控制编程。

IST 指令的示例梯形图如图 9.28 所示。图中，PLC 上电后，M8000 接通，执行 IST 指令。指令指定自动方式中用到的最小状态号为 S20，最大状态号为 S29。从 X10 开始的连续 8 个输入点的功能是固定的。

IST 指令必须写在第一个 STL 指令出现之前，且该指令在一个程序中只能使用一次。

2. 交替输出指令 ALT

交替输出指令 ALT（Alternate）的格式为：ALT［D］。

交替输出指令 ALT 的目标操作数［D］可以取 Y、M、S，只有 16 位运算。

ALT 指令的示例梯形图如图 9.29 所示。图中，当 X0 由 OFF 变为 ON 时，Y0 的状态就改变一次，若不用脉冲执行方式，则每个扫描周期 Y0 的状态都要改变一次。使用 ALT 指令时，用 1 个按钮 X0 就可以控制 Y0 对应的外部负载的启动和停止。

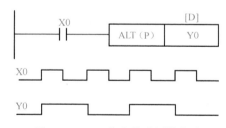

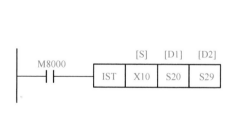

图 9.28 IST 指令的示例梯形图　　　　　图 9.29 ALT 指令的示例梯形图

9.6 数据处理指令应用实训

实训 1 彩灯控制电路

1. 实训目的

（1）学会功能指令的编程方法。

（2）掌握 INCP、DECP 等功能指令的使用方法。

2. 控制要求

用 PLC 控制彩灯电路。彩灯共 12 盏，分别由 Y0～Y13 输出，X0 为彩灯控制的启动开关。12 盏彩灯正序亮至全亮，反序熄至全熄，然后再循环。本实训可用加 1、减 1 指令及变址寄存器实现，彩灯状态变化的时间单元为 1s，用 M8013 实现。

3. 实训要求

（1）输入/输出端口配置。

输　　入		输　　出	
设　　备	端 口 编 号	设　　备	端 口 编 号
启动按钮	X0	彩灯输出	Y0～Y13

（2）画出 I/O 接线图。

（3）用 FX$_{2N}$ 系列 PLC 按工艺要求画出梯形图，写出语句表。

（4）输入程序并进行调试。

（5）彩灯控制电路的参考梯形图程序如图 9.30 所示。

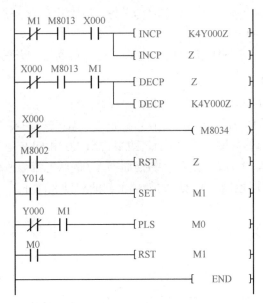

图 9.30　彩灯控制电路的参考梯形图程序

实训 2　流水灯光控制

1. 实训目的

（1）学会功能指令的编程方法。

（2）掌握 ROR、ROL 等功能指令的使用方法。

2. 控制要求

用 PLC 实现流水灯光控制，某灯光招牌有 L1～L8 8 个灯接于 K2Y0，要求当 X0 为 ON 时，灯先以正序每隔 1s 轮流点亮，当 Y7 亮后，停 3s，然后以反序每隔 1s 轮流点亮，当 Y0

再亮后，停 3s，重复上述过程。当 X1 为 ON 时，停止工作。

3. 实训要求

（1）输入/输出端口配置。

输　　入		输　　出	
设　　备	端口编号	设　　备	端口编号
启动按钮	X0	外接 L1～L8	Y0～Y7
停止按钮	X1		

本实训可用循环移位指令实现。初始条件若 X0 为 ON，则 Y0 外接的灯 L1 点亮，其余各输出继电器均为 OFF；第 3～5 行的"启—保—停"电路用来设置正序轮流点亮条件：启动时（X0 常开触点）或者反序轮流点亮完成时（T1 常开触点）均可作为正序轮流点亮的"启"电路，停止时（X1 常闭触点）或者反序轮流点亮时（M1 常闭触点）作为正序轮流点亮的"停"电路；正序轮流点亮电路和反序轮流点亮电路间隔 1s 由 M8013 控制。

（2）画出 I/O 接线图。

（3）用 FX$_{2N}$ 系列 PLC 按工艺要求画出梯形图，写出语句表。

（4）输入程序并进行调试。

（5）流水灯光控制的参考梯形图程序如图 9.31 所示。

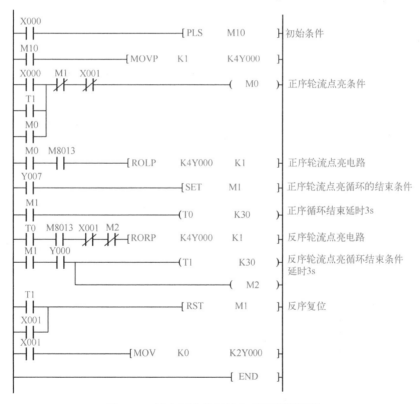

图 9.31　流水灯光控制的参考梯形图程序

实训3　步进电动机控制

1. 实训目的

（1）学会功能指令的编程方法。

（2）掌握 SFTL、SFTR 等功能指令的使用方法。

2. 控制要求

用 PLC 控制步进电动机。步进电动机是一种利用电磁铁将电脉冲信号转换为线位移或角位移的电动机，它广泛应用于打印机位移和托架移动，复印机纸数控制，绘图仪的 X、Y 轴驱动和数控机床的 X、Y 轴驱动等。如图 9.32 所示是步进电动机工作原理示意图，通过顺序切换开关，控制电动机每相绕组轮流通电，使电动机转子按照顺时针方向一步一步地转动。切换开关由电脉冲信号控制，脉冲信号由 PLC 根据控制要求计算后发出，再经过分配放大后驱动步进电动机。其驱动过程如图 9.33 所示。

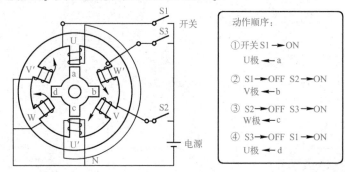

图 9.32　步进电动机工作原理示意图

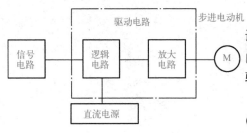

图 9.33　步进电动机驱动过程

现用 PLC 位移指令实现步进电动机正反转和调速控制。以三相三拍电动机为例，电脉冲序列由 Y10～Y12（晶体管）送出，作为步进电动机驱动电源功放电路的输入。

设置 X0 为启停按钮，Z1 为正反转切换开关（X1 为 OFF 时，正转；X1 为 ON 时，反转），X2 为减速按钮，X3 为增速按钮，电脉冲序列通过 Y10～Y12（晶体管）送出。

3. 实训要求

（1）输入/输出端口配置。

输　　入		输　　出	
设　　备	端口编号	设　　备	端口编号
启停按钮	X0	电脉冲序列	Y10～Y12
正反转切换开关	X1		
减速按钮	X2		
增速按钮	X3		

（2）画出 I/O 接线图。

（3）用 FX_{2N} 系列 PLC 按工艺要求画出梯形图，写出语句表。

（4）输入程序并进行调试。

（5）步进电动机控制的参考梯形图程序如图 9.34 所示。

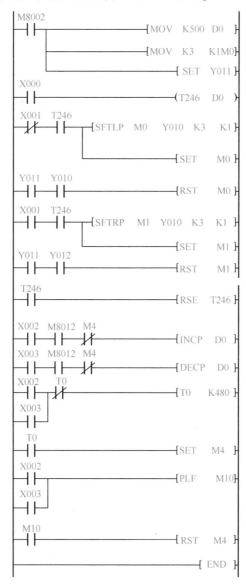

图 9.34　步进电动机控制的参考梯形图程序

梯形图中采用积算定时器 T246 作为脉冲发生器，产生移位脉冲，其设定值为 K2 ～ K500，定时值为 2 ～ 500ms，这样步进电动机可获得 500 ～ 2 步/s 的变速范围。T0 为脉冲发生器设定值调整时间限制。

① 初始化程序。程序开始运行时，D0 初始值设置为 K500，M1、M0、Y11 置为 ON。

② 步进电动机正转。按下 X0，启动定时器 T246，D0 初始值 K500 作为定时器 T246 的设定值，当 X1 为 OFF 时，T246 每完成一次定时，就会按照 M0 的值形成正序脉冲序列 101→011

→110→101→011→110→…，即在 T246 的作用下最终形成 101、011、110 的三拍循环。

③ 步进电动机反转。当 X1 为 ON 时，T246 每完成一次定时，就会按照 M0 的值形成反序脉冲序列 101→110→011→101→110→011→…，即在 T246 的作用下最终形成 101、110、011 的三拍循环。

④ 减速调整。X2 为减速按钮，当按下 X2 时，定时器 T246 的设定值 D0 增加，即 T246 定时值增加，每秒步数减小，于是步进电动机转速变小。

⑤ 增速调整。X3 为增速按钮，当按下 X3 时，定时器 T246 的设定值 D0 减小，即 T246 定时值减小，每秒步数增加，于是步进电动机转速变大。

注意：调速时，应按住 X2（减速）或 X3（增速）按钮，仔细观察 D0 的变化，当变化值达到所需速度值时，释放按钮。

实训 4　用单按钮实现五台电动机的启停控制

1. 实训目的

（1）学会功能指令的编程方法。

（2）掌握 DECO 等功能指令的使用。

2. 控制要求

用单按钮控制五台电动机的启停。对五台电动机进行编号，按下按钮一次（保持 1s 以上），1 号电动机启动，再按按钮，1 号电动机停止；按下按钮两次（第二次保持 1s 以上），2 号电动机启动，再按按钮，2 号电动机停止，依此类推，按下按钮五次（第五次保持 1s 以上），5 号电动机启动，再按按钮，5 号电动机停止。利用 PLC 实现该功能。启停按钮接到 X0 上，五台电动机接到 Y0～Y4 上。

3. 实训要求

（1）输入/输出端口配置。

输　　入		输　　出	
设　　备	端口编号	设　　备	端口编号
启停按钮	X0	1 号电动机	Y0
		2 号电动机	Y1
		3 号电动机	Y2
		4 号电动机	Y3
		5 号电动机	Y4

（2）画出 I/O 接线图。

（3）用 FX$_{2N}$ 系列 PLC 按工艺要求画出梯形图，写出语句表。

（4）输入程序并进行调试。

（5）单按钮控制五台电动机的参考梯形图程序如图 9.35 所示。

梯形图中，输入电动机编号的按钮接于 X0，电动机号数使用加 1 指令记录在 K1M10 中。DECO 指令将 K1M10 中的数据译码并令 M0 右侧和 K1M10 中数据相同的位元件置"1"。M9 和 T0 用于输入数字确认及停车复位控制。

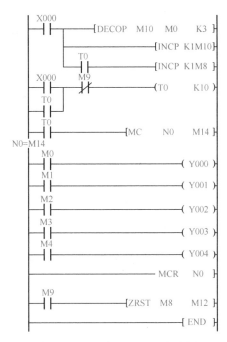

图 9.35　单按钮控制五台电动机的参考梯形图程序

思考与练习

9.1　FX_{2N} 系列 PLC 数据处理指令有哪几类？各类有几条指令？简述这些指令的编号、功能、操作数范围等。

9.2　用拨动开关构成二进制数输入与用 BCD 数字开关输入 BCD 数字有什么区别？应注意哪些问题？

9.3　8 盏彩灯 L1～L8 接于 K2Y0，试编程实现：当 X0 为 ON 时，从 Y7 开始反序亮至彩灯全亮，彩灯状态变化为 1s，当 Y0 亮时，停止 2s，从 Y7 开始重复循环。

9.4　如何用双按钮控制五台电动机的 ON/OFF 。

9.5　在图 9.36 中，若（D0）= 00010110、（D2）= 00111100，在 X0 为 ON 后，（D4）、（D6）、（D8）的结果分别为多少？

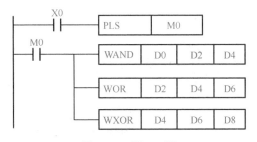

图 9.36　题 9.5 图

9.6　设计一段程序，当输入条件满足时，依次将计数器 C0～C9 的当前值转换成 BCD 码送到输出元件 K4Y0 中，试画出梯形图。

9.7　分析当 X0 接通后，图 9.37 所示的梯形图的执行结果。

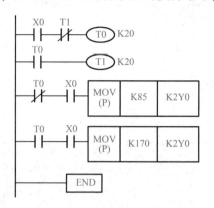

图 9.37　题 9.7 图

第 10 章 程序控制类应用指令

本章要点

1. 掌握编程元件：跳转指针 P，跳转指令 CJ，主程序结束指令 FEND。
2. 会利用跳转指针 P 和跳转指令 CJ 编程实现多种工作方式的切换。
3. 会分析程序结构，能读懂带子程序结构的程序，能编写简单的子程序。
4. 会分析程序结构，能读懂带循环结构的程序，能编写简单的循环程序。
5. 会分析程序结构，能读懂带外部中断程序结构的程序，能编写简单的外部中断子程序。
6. 会分析程序结构，能读懂带定时中断子程序结构的程序，能编写简单的定时中断子程序。

10.1 跳 转 指 令

10.1.1 跳转指令及其工作原理

该指令的名称、助记符、操作数、程序步如表 10.1 所示。

表 10.1 跳转指令的要素

指令名称	助 记 符	指令代码位数	操 作 数 [D]	程 序 步
跳转	CJ CJ（P）	FNC 00 （16）	P0～P63 P63 即 END	CJ 和 CJ（P）3 步 标号 P 1 步

　　跳转指令的功能为：当跳转条件成立时，跳过一段程序，跳转至指令中所标明的标号处执行，跳过程序段中不执行的指令，即使输入元件状态发生改变，输出元件的状态也维持不变。若跳转条件不成立，则按顺序执行。

　　如图 10.1 所示为条件跳转指令 CJ 的使用说明。当 X20 为 ON 时，程序跳转到标号 P10 处，执行标号 P10 处的程序；当 X20 为 OFF

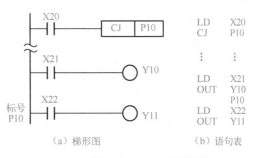

（a）梯形图　　　（b）语句表

图 10.1　跳转指令 CJ 的使用说明

时，跳转不执行，程序按原顺序执行。

10.1.2　跳转指令的使用注意事项

1. 编程元件——跳转指针（P）

FX_{2N} 系列 PLC 的指针 P 有 128 点（P0～P127），用于分支和跳转程序。使用指针 P 时要注意以下几点。

（1）在梯形图中，指针应放在左侧母线的左边，一个指针只能出现一次，如出现两次或两次以上，就会出错。

（2）多条跳转指令可以使用相同的指针。

（3）P63 是 END 所在的步序，在程序中不需要设置 P63。

（4）指针可以出现在相应跳转指令之前，但是，如果反复跳转的时间超过监控定时器的设定时间，则会引起监控定时器出错。

2. 跳转指令（CJ）

执行跳转指令 CJ 时，如果跳转条件满足，则 PLC 将不再扫描执行跳转指令与跳转指针 P 之间的程序，即跳到以指针 P 为入口的程序段中执行，直到跳转的条件不再满足，跳转才会停止进行。

使用跳转指令时要注意以下几点。

（1）跳转指令具有选择程序段的功能。在同一程序中，位于不同程序段的程序不会被同时执行，所以不同程序段中的同一线圈不能视为双线圈。

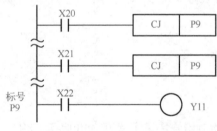

图 10.2　CJ 使用相同指针标号

（2）可以有多条跳转指令使用同一指针。在图 10.2 中，若 X20 接通，第一条跳转指令有效，则程序将从这一步跳到指针 P9 处。如果 X20 断开，而 X21 接通，则第二条跳转指令生效，程序将从第二条跳转指令处跳到 P9 处。注意，不允许出现一条跳转指令对应两个指针的情况。

（3）指针一般设在相关的跳转指令之后，也可以设在跳转指令之前。但要注意，从程序执行顺序来看，如果由于指针在前造成该程序的执行时间超过了警戒时钟的设定值，则程序就会出错。

（4）使用 CJ（P）指令时，跳转只执行一个扫描周期，但若用辅助继电器 M8000 作为跳转指令的工作条件，则跳转就会成为无条件跳转。

（5）被跳过的程序段中的输出继电器 Y、辅助继电器 M、状态继电器 S 由于该段程序不再执行，即使梯形图中涉及的工作条件发生变化，它们的工作状态也将保持跳转发生前的状态不变。

（6）被跳过的程序段中的定时器及计数器，无论其是否具有断电保持功能，跳转发生后其定时值、计数值都将保持不变，但在跳转中止，程序继续执行时，定时和计数将继续进行。另外，定时器、计数器的复位指令具有优先权，即使复位指令位于被跳过的程序段中，执行条件满足时，复位工作也将执行。

3. 主程序结束指令（FEND）

FEND 为主程序结束指令，其使用方法与 END 指令相同。

10.2　子　程　序

10.2.1　子程序及其工作原理

子程序调用指令的名称、助记符、操作数、程序步如表 10.2 所示。

表 10.2　子程序调用指令的要素

指 令 名 称	助 记 符	指令代码位数	操 作 数 [D]	程 序 步
子程序调用	CALL CALL(P)	FNC 01 (16)	指针 P0～P62 嵌套 5 级	3 步（指令标号）1 步
子程序返回	SRET	FNC02	无	1 步

在利用 PLC 实现控制时，常把以运算为主的程序内容作为主程序，把以加温及降温等逻辑控制为主的程序作为子程序。程序结构如图 10.3 所示，其中 X1 为上限位温度传感器，X2 为下限位温度传感器。当 X1 为 ON 时，调用降温控制子程序；当 X2 为 ON 时，调用升温控制子程序。

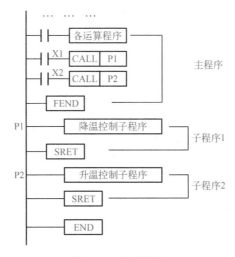

图 10.3　程序结构

10.2.2　子程序使用要点

1. 子程序调用指令（CALL）

子程序调用指令 CALL 是为一些特定的控制目的编制的相对独立的程序。为了区别于主程序，规定在程序编排时，将主程序写在前面，以 FEND 指令结束主程序，子程序写在 FEND 指令后面，当主程序带有多个子程序时，子程序可依次列在主程序结束指令 FEND 之后。子程序调用指令 CALL 安排在主程序段中。如图 10.3 所示，X1、X2 分别是两个子程序（指针分别为 P1 和 P2）执行的控制开关，当 X1 为 ON 时，指针为 P1 的子程序得以执行，当 X2 为 ON 时，指针为 P2 的子程序得以执行。

2. 子程序返回指令（SRET）

子程序返回指令 SRET 是不需要驱动触点的单独指令。子程序的范围从它的指针标号开始，到 SRET 指令结束。每当程序执行到子程序调用指令 CALL 时，都转去执行相应的子程序，当遇到 SRET 指令时则返回原断点继续执行原程序。

子程序可以实现五级嵌套。如图 10.4 所示是一个子程序嵌套的例子。子程序 P1 采用脉冲执行方式，即 X1 接通一次，子程序 P1 就执行一次。当子程序 P1 开始执行且 X2 接通时，程序将转去执行子程序 P2。当在 P2 子程序中执行到 SRET 指令后，又会回到 P1 原断点处执行 P1。当在 P1 子程序中执行到 SRET 指令时，则返回主程序原断点处执行。

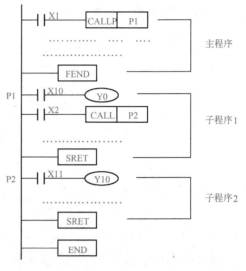

图 10.4　子程序嵌套举例

10.2.3　子程序编程举例

（1）将两个带自锁的按钮分别接至 PLC 的 X1 和 X2，输出用指示灯代替，然后连接 PLC 的电源，并确保无误。

（2）输入如图 10.5 所示的梯形图，检查无误后运行程序。

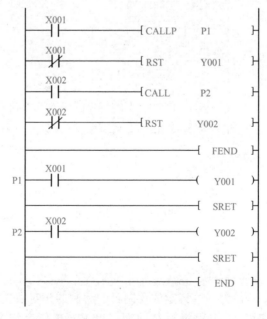

图 10.5　子程序编程举例

（3）按下 X1 输入按钮，观察输出继电器 Y1 和 Y2 的状态有无变化，理解子程序。

（4）按下 X2 输入按钮，观察输出继电器 Y1 和 Y2 的状态有无变化，理解子程序。

10.3　循　环　指　令

10.3.1　循环指令及其工作原理

循环指令的名称、助记符、操作数、程序步如表 10.3 所示。

表 10.3　循环指令要素

指令名称	助 记 符	指令代码	操 作 数 [S]	程 序 步
循环开始指令	FOR	FNC 09 (16)	K、H、 KnX、KnY、KnM、KnS、 T、C、D、V、Z	3 步(嵌套 5 层)
循环结束指令	NEXT	FNC 09	无	1 步

循环指令包括循环开始指令 FOR 和循环结束指令 NEXT。

循环指令的操作功能为：控制 PLC 反复执行某一段程序，只要将这段程序放在 FOR、NEXT 之间，待执行完指定的循环次数后（由操作数指定），才能执行 NEXT 指令后的程序。

使用循环指令时要注意以下几点。

（1）FOR 与 NEXT 指令要求成对使用，FOR 在前，NEXT 在后。

（2）FOR、NEXT 循环指令最多可以嵌套 5 层。如图 10.6 所示为三级循环嵌套的情况，三条 FOR 指令和三条 NEXT 指令相互对应。在梯形图中，相距最近的 FOR 指令和 NEXT 指令是一对，其次是距离稍远一些的，最后是距离更远一些的组成一对。从图中还可以看出，每一对 FOR 指令和 NEXT 指令间的程序就是执行过程中需按一定的次数进行循环的部分，而循环的次数由 FOR 指令后的源数据给出。

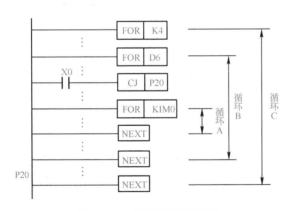

图 10.6　三级循环嵌套举例

（3）利用 CJ 指令可以跳出 FOR、NEXT 循环体。

10.3.2　循环指令编程举例

如图 10.7（a）所示，该程序最中心的循环内容为向数据存储器 D100 中加 1，它一共执行了 2×2×3＝12 次。循环可以 5 层嵌套，循环嵌套时循环次数的计算说明如图 10.7（b）

所示。外层循环 A 嵌套了内层循环 B，循环 A 执行 5 次，每执行一次循环 A，就要执行 10 次循环 B，因此循环 B 一共要执行 5×10 = 50 次。利用循环中的 CJ 指令可以跳出 FOR、NEXT 之间的循环区。在某种操作需反复进行的场合，使用循环程序可以使程序简单，提高编程效率。如对某一取样数据做一定次数的加权运算，控制输出口按一定的规律做反复的输出动作，或利用反复的加减运算完成一定量的增加或减少，又或是利用反复的乘除运算完成一定量的数据移位等。

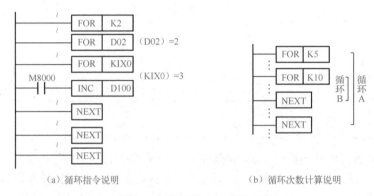

（a）循环指令说明 　　　　　　　　（b）循环次数计算说明

图 10.7　循环指令编程举例

10.4　外部中断子程序

10.4.1　外部中断子程序及其工作原理

中断指令的名称、助记符、操作数、程序步如表 10.4 所示。

表 10.4　中断指令要素

指令名称	助记符	指令代码	操 作 数 D	程 序 步
中断返回指令	IRET	FNC 03	无	1 步
允许中断指令	EI	FNC 04	无	1 步
禁止中断指令	DI	FNC 05	无	1 步

1. 中断子程序的原理

在日常生活和工作中经常碰到这种情况：正在做某项工作时，有一件更重要的事情要马上处理，这时必须暂停正在做的工作，处理这一紧急事务，等处理完这一紧急事务后，再继续完成刚才暂停的工作，PLC 也有这样的工作方式，称为中断。中断是指在主程序的执行过程中，中断主程序去执行中断子程序，执行完中断子程序后再回到刚才中断的主程序处继续执行，中断不受 PLC 扫描工作方式的影响，以使 PLC 能迅速响应中断事件。与子程序一样，中断子程序也是为某些特定的控制功能而设定的。和普通子程序不同的是，这些特定的控制功能都有一个共同的特点，即要求响应时间小于机器的扫描周期，因而，中断子程序都不能由程序内安排的条件引出。能引起中断的信号称为中断源。FX$_{2N}$ 系列 PLC 有三类中断，分别为外部中断、定时器中断和高速计数器中断。本节主要分析外部中断。

外部中断信号从输入端子输入，可用于机外突发随机事件引起的中断。

2. 与中断有关的指令

与中断有关的指令有中断返回指令 IRET、允许中断指令 EI 和禁止中断指令 DI，它们均无操作数。

（1）PLC 通常处于禁止中断的状态，指令 EI 和 DI 之间的程序段为允许中断的区间，当程序执行到该区间时，如果中断源产生中断，CPU 将停止执行当前的程序，转去执行相应的中断子程序，执行到中断子程序中的 IRET 指令时，返回原断点，继续执行原来的程序。

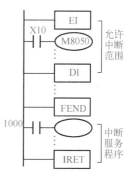

图 10.8　中断程序的结构

（2）中断程序从它唯一的中断指针开始，到第一条 IRET 指令结束。中断程序应放在 FEND 指令之后，IRET 指令只能在中断程序中使用，中断程序的结构如图 10.8 所示。特殊辅助继电器 M805△为 ON 时（△=0~8），禁止执行相应的中断 I△□□（□□是与中断有关的数字）。例如，M8050 为 ON 时，禁止执行相应的中断1000 和 1001；M8059 为 ON 时，关闭所有的高速计数器中断。

（3）由于中断的控制是脱离于程序的扫描执行机制的，所以当多个突发事件同时出现时必须有个处理秩序，这就是中断优先权。中断优先权由中断号的大小决定，号数小的中断优先权高。由于外部中断号整体上高于定时器中断号，因此外部中断的优先权较高。

（4）执行一个中断子程序时，其他中断被禁止，在中断子程序中编入 EI 和 DI，可实现双重中断，子程序中只允许两级中断嵌套。一次中断请求，中断程序一般仅能执行一次。

（5）如果中断信号在禁止中断区间出现，则该中断信号被存储，并在 EI 指令之后响应该中断。当不需要关闭中断时，可只使用 EI 指令，不使用 DI 指令。

（6）中断输入信号的脉冲宽度应大于 200μs，选择了输入中断后，其硬件输入滤波器会自动复位为 50μs（通常为 10ms）。

（7）直接高速输入可用于"捕获"窄脉冲信号。FX 系列 PLC 需要用 EI 指令来激活 X0~X5 脉冲捕获功能，捕获的脉冲状态存放在 M8170~M8175 中。当接收到脉冲后，相应的特殊辅助继电器 M 会变为 ON，此时可用捕获的脉冲来触发某些操作。如果输入元件已用于其他高速功能，则脉冲捕获功能将被禁止。

10.4.2　外部中断子程序编程举例

（1）将一个按钮接于 X0 模拟外部中断信号，将另一个带自锁功能的按钮接于 X20，模拟外部中断禁止信号，输出用指示灯代替，然后连接 PLC 的电源，并确保无误。

（2）输入如图 10.9 所示的梯形图，检查无误后运行程序。

（3）先按下 X20，再按下 X0，观察输出继电器 Y10、Y11 的状态有无变化，判断有无中断。

（4）再按一下 X20，解除 M8050 的禁止中断后，再按下 X0，观察输出继电器 Y10、Y11 的状态有无变化，判断有无中断。

图 10.9 所示是一个带有外部中断子程序的梯形图。在主程序段中，特殊辅助继电器 M8050 为零时，标号为 I001 的中断子程序允许执行。该中断在输入口 X0 送入上升沿信号时

执行，上升沿信号出现一次，该中断执行一次，执行完毕后即返回主程序。该中断子程序完成的功能是 M8013 驱动输出继电器 Y11 工作。作为执行结果的输出继电器 Y11 的状态，取决于 X0 出现上升沿时 M8013 秒时钟脉冲的状态，即 M8013 置 1，则 Y11 置 1，M8013 置 0，则 Y11 置 0。

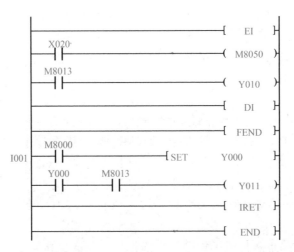

图 10.9　外部中断子程序编程举例

外部中断常用来引入发生频率高于机器扫描频率的外部控制信号，或用于处理那些需快速响应的信号。例如，在可控整流装置的控制中，取自同步变压器的触发同步信号可经专用输入端子引入 PLC 作为中断源，并以此信号作为移相角的计算起点。

10.5　定时中断子程序

10.5.1　定时中断子程序工作原理

1. 定时中断入口

FX$_{2N}$系列 PLC 有 3 点定时中断，如图 10.10 所示。中断指针为 I6□□～I8□□，低两位是以 ms 为单位的定时时间。定时中断使 PLC 以指定的周期定时执行中断子程序，循环处理某些任务，处理时间不受 PLC 扫描周期的影响。定时中断是机内中断，用特殊辅助继电器 M8056～M8058 决定中断执行，当这些辅助继电器通过控制信号被置 1 时，其对应的中断就会被封锁。

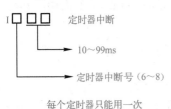

每个定时器只能用一次

图 10.10　定时中断指针

如图 10.11 所示为一段定时中断子程序。中断指针 I610 是中断号为 6、时间周期为 10ms 的定时器中断，由梯形图可知，每执行一次中断程序，数据存储器 D0 中的数据加 1，当加到 1000 时使 Y2 置 1，为了验证中断程序执行的正确性，在主程序段中设有定时器 T0，设定值为 100，用此定时器控制输出口 Y1，这样当 X20 由 ON 至 OFF 并经历 10s 后，Y1 和 Y2 会同时置 1。

2. 监控定时器指令（WDT）

监控定时器指令 WDT 无操作数。在执行 FEND 和 END 指令时，监控定时器被刷新（复位），PLC 正常工作时，扫描周期（从 0 步到 FEND 或 END 指令的执行时间）小于它的定时时间。如果强烈的外部干扰使 PLC 偏离正常的程序执行路线，那么监控定时器不再被复位，当定时时间到时，PLC 将停止运行。监控定时器定时时间的默认值为 200ms，可通过修改 D8000 来设定它的定时时间。如果扫描周期大于它的定时时间，可将 WDT 指令插入到合适的程序步中刷新监控定时器，如图 10.12 所示，将 240ms 的程序一分为二，并在它们中间加入 WDT 指令，则前半部分和后半部分都在 200ms 以下。如果 FOR—NEXT 循环程序的执行时间可能超过监控定时器的定时时间，可将 WDT 指令插入到循环程序中。条件跳转指令 CJ 若在它对应的指针之后（程序往回跳），可能因连续反复跳转使它们之间的程序被反复执行，这样总的执行时间可能超过监控定时器的定时时间，所以为了避免出现这样的情况，可在 CJ 指令和对应的指针之间插入 WDT 指令。

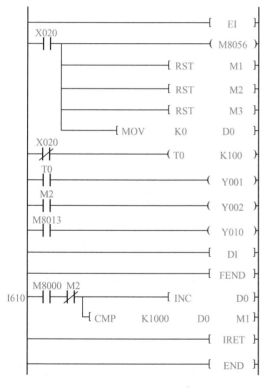

图 10.11　定时中断子程序

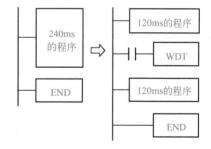

图 10.12　将 WDT 指令插入到程序步
中刷新监控定时器

3. 斜坡指令（RAMP）

斜坡指令 RAMP 的使用说明如图 10.13 所示，预先把所定的初值与终值写入 D1、D2，当 X0 为 ON 时，D3 的内容将从 D1 的值通过几次移动达到 D2 的值，D4 用来存入扫描次数，此指令形成的斜坡信号如图 10.14 所示。

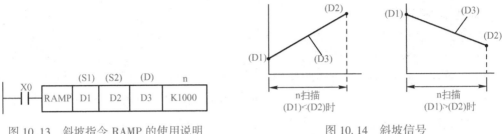

图 10.13　斜坡指令 RAMP 的使用说明　　　　　图 10.14　斜坡信号

如果把所定的扫描时间（稍长于程序实际扫描时间）写入 D8039，并驱动 M8039，可编程控制器就变为恒扫描运行模式。例如，当所定的扫描时间为 20ms 时，在上例中（D3）值将经过 $1000×20ms=20s$ 的时间从（D1）变化到（D2）。

M8026 作斜坡指令保持方式用，它的作用如图 10.15 所示。

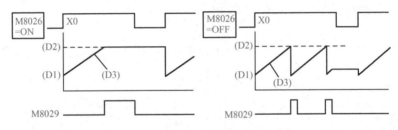

图 10.15　M8026 在斜坡指令中的作用

（1）当 M8026 为 ON 时，若驱动条件 X0 为 ON，则斜坡信号 D3 的值由初始值 D1→终值 D2 变化，最终保持在 D2 上，即使 X0 变为 OFF，斜坡信号 D3 的值仍然保持在 D2 上，除非再次将 X0 置于 ON，斜坡信号再从初始值开始变化。

（2）当 M8026 为 OFF 时，若驱动条件 X0 为 ON，则斜坡信号 D3 的值由初始值 D1→终值 D2 变化，达到终值后，若 X0 仍为 ON，则 D3 的值回到初始值 D1，然后再往终值 D2 变化，若变化过程中 X0 复位为 OFF，则变化中止，直到再次将 X0 置为 ON，斜坡信号又从初始值开始往终值方向变化。

（3）传送完毕后，标志 M8029 置 ON。

将该指令与模拟输出组合，可以输出软启动/停止指令，另外，X0 在 ON 的状态下，RUN 开始时，D4 应预先清除。

10.5.2　定时中断编程举例

在电动机等设备的软启动控制中，经常要用到斜坡信号，FX$_{2N}$ 系列 PLC 的斜坡指令是用于产生线性变化的模拟量输出的指令，使用定时中断实现。

斜坡信号发生电路的梯形图如图 10.16 所示，其中指针 I610 是定时中断入口地址，RAMP 指令为斜坡输出指令。RAMP 指令源操作数 D1 为斜坡初值，D2 为斜坡终值，D3 为斜坡数据的当前值，辅助操作数 K1000 为从初值到终值需经过的指令操作次数。该指令如不采取中断控制方式，从初值到终值的时间及变化速率就会受到扫描周期的影响。但在图 10.16 中，由于使用了指针 I610 的定时中断程序，所以 D3 中数值的变化时间及变化的线性关系就得到了保障。

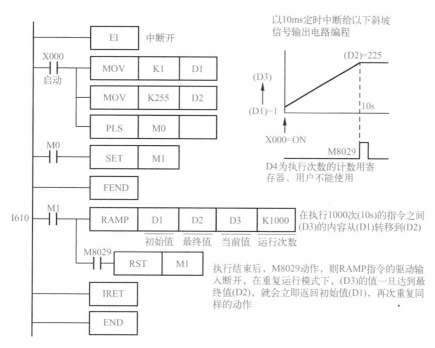

图 10.16　斜坡信号发生电路的梯形图

定时中断在工业控制中还常用于快速采样处理和定时快速采集外界变化的信号等方面。

10.6　程序结构

常用的程序结构有以下几种类型。

（1）简单结构。简单结构也称线性结构，即指令按照顺序编写，执行时也按照顺序执行，程序中会有分段，简单结构的特点是每个扫描周期中每一条指令都要被扫描。

（2）有跳转及循环的简单结构。按照控制要求，当程序需要有选择地执行时要用到跳转指令，如自动、手动程序段的选择，初始化程序段和工作程序段的选择。这时在某个扫描周期中被跳过的指令不被扫描。循环可以看作相反方向的选择，当多次执行某段程序时，其他程序就相当于被跳过。

（3）组织模块式结构。有跳转及循环的简单程序从程序结构来说仍旧是纵向结构，而组织模块式结构的程序则存在并列结构。组织模块式程序可分为组织块、功能块和数据块。组织块专门解决程序流程问题，常作为主程序；功能块则独立地解决局部的、单一的问题，相当于一个个子程序；数据块则是程序所需的各种数据的集合。多个功能块和多个数据块相对组织块来说是并列的程序块。子程序指令及中断程序指令常用来编制组织模块式结构的程序。

组织模块式程序结构为编程提供了清晰的思路。组织块主要解决程序的入口控制，子程序完成单一的功能，程序的编制无疑得到了简化。当然，作为组织块的主程序和作为功能块的子程序，也还是简单结构的程序，不过并不是简单结构的程序就可以简单地堆积而无须考虑指令排列的次序，PLC 的串行工作方式使得程序的执行顺序和执行结果有着十分密切的联系，这在任何时候的编程中都是重要的。

与先进编程思想相关的另一种程序结构是结构化编程结构，它适用于具有许多同类控制对象的庞大控制系统，这些同类控制对象具有相同的控制方式及不同的控制参数。编程时，先针对某种控制对象编出通用的控制方式程序，在程序的不同程序段中调用这些控制方式程序时再赋予所需的参数值。结构化编程适合多人协作的程序组织，有利于程序的调试。

10.7　程序控制类应用指令实训

实训 1　求数组脉冲的最大值

1. 实训目的

（1）学会功能指令的编程方法。

（2）掌握 FOR、NEXT 等功能指令的使用方法。

2. 控制要求

找出存储在 D0～D9 中的数据的最大值，将其存储到 D10 中，用循环指令实现。

3. 实训要求

（1）连接 PLC 的电源，并确保无误。

（2）设置 D0～D9 的值分别为 K10、K5、K100、K40、K30、K20、K318、K9、K123、K56，运行程序，观察 Y15～Y0 的指示是否为 0000000100111110，即 K318。

（3）改变 D0～D9 的设置，再调试程序。

（4）修改程序，将它变为求最小值的程序，并调试。

（5）求数组脉冲的最大值的参考梯形图如图 10.17 所示。

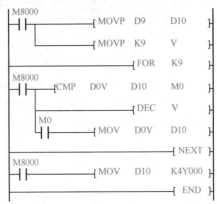

图 10.17　求数组脉冲的最大值的参考梯形图

实训 2　用 PLC 控制台车呼叫系统

1. 实训目的

（1）学会功能指令的编程方法。

（2）掌握传送、比较等功能指令的使用方法。

2. 控制要求

一部电动运输车供 8 个加工点使用。PLC 上电后，车停在某个加工点（以下称工位），若无用车呼叫（以下称呼车），则各工位的指示灯亮，表示各工位可以呼车。某工作人员按下本工位的呼车按钮呼车时，其他工位的指示灯均灭，此时其他工位呼车无效。当停车位呼车时，台车不动；当呼车工位号大于停车工位号时，台车自动向高位行驶；当呼车工位号小于停车工位号时，台车自动向低位行驶；当台车运行到呼车工位时，自动停车。停车时间为 30s，供呼车工位使用，其他工位不能呼车。从安全角度出发，停电再来电时，台车不应自行启动。

每个工位用 1～8 编号，并各设一个限位开关。为了呼车，每个工位各设一个呼车按钮，系统设启动及停机按钮，台车设正、反转接触器各 1 个。每个工位设呼车指示灯各 1 个，但并联于各个输出口上。呼车系统布置图如图 10.18 所示。

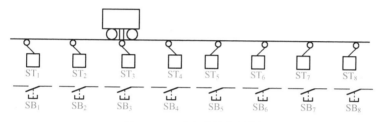

图 10.18　呼车系统布置图

3. 实训要求

（1）输入/输出端口配置。

输　入		输　入		输　　出	
设　备	端口编号	设　备	端口编号	设　备	端口编号
限位开关（停车号）ST$_1$	X0	呼车按钮（呼车号）SB$_2$	X11	电动机制动	Y0
限位开关（停车号）ST$_2$	X1	呼车按钮（呼车号）SB$_3$	X12	电动机正转接触器	Y1
限位开关（停车号）ST$_3$	X2	呼车按钮（呼车号）SB$_4$	X13	电动机反转接触器	Y2
限位开关（停车号）ST$_4$	X3	呼车按钮（呼车号）SB$_5$	X14	可呼车指示	Y3
限位开关（停车号）ST$_5$	X4	呼车按钮（呼车号）SB$_6$	X15		
限位开关（停车号）ST$_6$	X5	呼车按钮（呼车号）SB$_7$	X16		
限位开关（停车号）ST$_7$	X6	呼车按钮（呼车号）SB$_8$	X17		
限位开关（停车号）ST$_8$	X7	系统启动按钮	X20		
呼车按钮（呼车号）SB$_1$	X10	系统停机按钮	X21		

（2）根据 I/O 地址分配，画出 PLC 的接线图。

（3）按控制要求画出梯形图，写出语句表。

（4）输入程序并进行调试。

（5）台车呼叫系统的参考梯形图程序如图 10.19 所示。

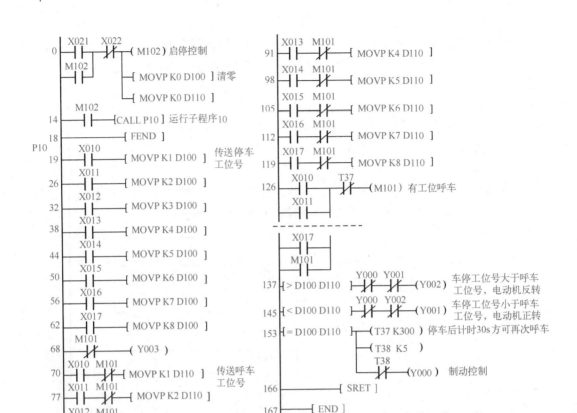

图 10.19　台车呼叫系统的参考梯形图程序

在编程时，根据控制要求，可先绘出如图 10.20 所示的台车呼叫系统工作流程图。为了实现图中功能，选择 FX$_{2N}$—16MR 基本单元 1 台及 FX$_{2N}$—16EX 扩展单元 1 台组成系统。

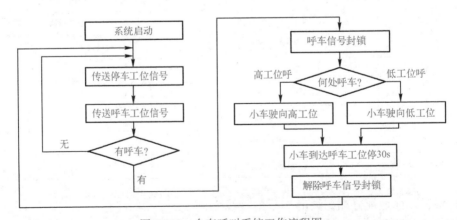

图 10.20　台车呼叫系统工作流程图

程序的编制主要使用传送比较类指令。其基本原理为：分别传送台车停车工位号及呼车工位号并比较后决定台车的运行方向，在呼车工位号与台车实际工位号相等时台车停车。编程中使用的存储器和中间继电器的分配如表 10.1 所示。

表 10.1　存储器和中间继电器的分配

设　备	编　号	设　备	编　号
呼车封锁中间继电器	M101	停车工位号存储器	D100
系统启动中间继电器	M102	呼车工位号存储器	D110

实训 3　广告牌边框饰灯控制

1. 实训目的

（1）学会程序控制类指令的编程方法。

（2）掌握 CALL、DECO、ROR、ROL 等指令的使用方法。

2. 控制要求

广告牌有 16 个边框饰灯 L1～L16，当广告牌开始工作时，饰灯每隔 0.1s 从 L1 到 L16 依次正序轮流点亮，重复进行；循环两次后，又从 L16 到 L1 依次反序每隔 0.1s 轮流点亮，重复进行；循环两次后，再按正序轮流点亮，重复上述过程。当按下停止按钮时，停止工作。

3. 实训要求

（1）输入/输出端口配置。

输　入		输　出		输　出	
设　备	端口编号	设　备	端口编号	设　备	端口编号
启动按钮 SB₁	X0	饰灯 L1	Y0	饰灯 L9	Y10
停止按钮 SB₂	X1	饰灯 L2	Y1	饰灯 L10	Y11
		饰灯 L3	Y2	饰灯 L11	Y12
		饰灯 L4	Y3	饰灯 L12	Y13
		饰灯 L5	Y4	饰灯 L13	Y14
		饰灯 L6	Y5	饰灯 L14	Y15
		饰灯 L7	Y6	饰灯 L15	Y16
		饰灯 L8	Y7	饰灯 L16	Y17

（2）根据 I/O 地址分配，画出 PLC 的外部接线图。参考接线图如图 10.21 所示。

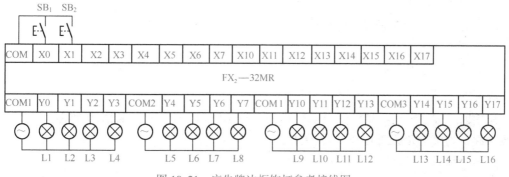

图 10.21　广告牌边框饰灯参考接线图

（3）按控制要求画出梯形图，写出语句表。

（4）输入程序并进行调试。

（5）广告牌边框饰灯控制的参考梯形图如图 10.22 所示。

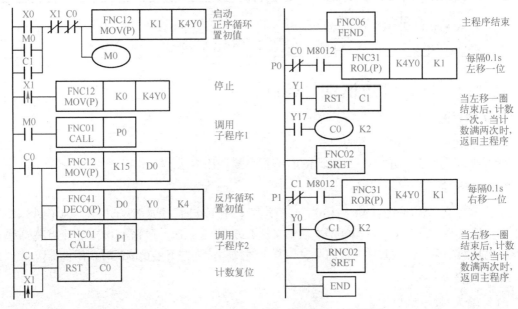

图 10.22　广告牌边框饰灯控制的参考梯形图

在上述梯形图中，当 X0 为 ON 时，先置正序初值（使 Y0 为 ON），然后执行子程序调用程序，进入子程序 1，执行循环左移指令，输出继电器每隔 0.1s 正序左移一位，左移一圈结束，即 Y17 为 ON 时，C0 计数一次，重新左移；当 C0 计数满两次后，停止左循环，返回主程序。再置反序初值（使 Y17 为 ON），然后进入子程序 2，执行循环右移指令，输出继电器每隔 0.1s 反序右移一位，右移一圈结束，即 Y0 为 ON 时，C1 计数一次，重新右移；当 C1 计数满两次后，停止右循环，返回主程序。同时，使 M0 重新为 ON，进入子程序 1，重复上述过程。

当 X1 为 ON 时，输出继电器全为 OFF，计数器复位，饰灯全部熄灭。

实训 4　定时中断采样程序设计

1. 实训目的

（1）学会定时中断子程序的编写方法。

（2）学会采样程序的编写方法。

（3）会使用平均值指令。

2. 控制要求

用中断子程序编程：要求编制采样程序，每 20ms 读入输入口 K2X10 数据一次，每 1s 计算一次平均值，并送到 D100 单元保存。

3. 实训要求

（1）完成 PLC 电源及输入开关 K2X10 的连线。

（2）编写定时中断的梯形图，并输入程序进行调试。

（3）定时中断采样程序的参考梯形图如图 10.23 所示。

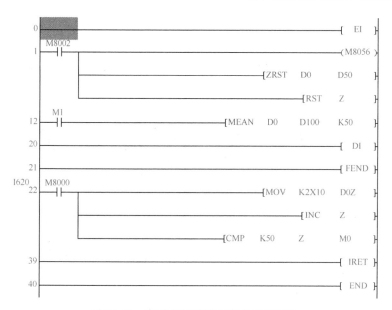

图 10.23　定时中断采样程序参考梯形图

本实训采用 6 号定时器，定时时间为 20ms。定时中断入口为 I620。在中断服务程序中，每 20ms 采样一次，1s 内共计采样 50 次，从开关 K2X10 中读取数据，采用变址寄存器 Z，把采样数据放至 D0～D49 中，在主程序中用取平均值指令 MEAN，将 D0～D49 取平均值并放至 D100 中。

思考与练习

10.1　某报时器有工作日和休息日两套报时程序，请设计程序结构，安排这两套报时程序。

10.2　试说明跳转与主控区的关系。

10.3　用跳转指令设计一个按钮 X0 用来控制 Y0 的电路，要求第一次按下按钮 X0 时，Y0 变为 ON，第二次按下按钮 X0 时，Y0 变为 OFF。

10.4　某广告牌有 16 个边框饰灯 L1～L16，当广告牌开始工作时，饰灯每隔 0.1s 从 L1 到 L16 依次正序轮流点亮，重复进行；循环两圈后，又从 L16 到 L1 依次反序每隔 0.1s 轮流点亮，重复进行；循环两圈后，再按正序轮流点亮，重复上述过程。当按下停止按钮时，停止工作。试用嵌套子程序的方法设计此程序。

10.5　设计一个定时中断子程序，要求每 20ms 读取输入口 K2X0 数据一次，每秒计算一次平均值，并送 D100 中存储。

10.6　将 100 个 16 位数存放在 D10～D109 中，要求分别求出其最大值、最小值和平均值，并存放到 D110～D112 中。

10.7　试比较中断子程序和普通子程序的异同点。

10.8　某化工设备设有外应急信号，用于封锁全部输出口，以保证设备的安全。试用中断方法设计相关梯形图。

10.9　FX$_{2N}$ 系列 PLC 有哪些中断源？如何使用？这些中断源所引出的中断在程序中如何表示？

第 11 章　功能模块实训

在工业控制中，许多被控量如温度、压力、流量、液位等都是模拟量信号，同时很多执行机构如变频器、伺服电动机、调节阀等要求 PLC 输出模拟量作为控制量，但仅用 PLC 开关量的 I/O 模块很难解决模拟量的采集和对执行器的控制问题。因此，PLC 生产厂家开发了许多特殊功能模块，如模拟量输入/输出模块、高速计数模块、温度控制模块、通信接口模块，这些模块和 PLC 的基本单元连接起来就可以构成一个控制系统，从而增强 PLC 的控制功能，扩展它的应用范围。

11.1　特殊功能模块的类型及使用

11.1.1　FX$_{2N}$ 系列 PLC 特殊功能模块的类型

FX$_{2N}$ 系列 PLC 开发了很多专用功能模块，这里选择常用的几种列举如下。

1. 模拟量输入模块

模拟量输入模块用于接收流量、温度和压力等传感设备送来的标准模拟电压、电流信号，并将其转换为数字信号供 PLC 使用，这些模块包括 FX$_{2N}$—4AD（4 通道模拟量输入模块）、FX$_{2N}$—2AD（2 通道模拟量输入模块）、FX$_{2N}$—4AD—PT（铂电阻输入模块）等。

2. 模拟量输出模块

模拟量输出模块用于需要模拟量驱动的场合，经 PLC 运算输出的数字量经模拟量输出模块转换为标准模拟量输出。FX$_{2N}$ 系列 PLC 的模拟量输出模块主要包括 FX$_{2N}$—4DA（4 通道模拟量输出模块）、FX$_{2N}$—2DA（2 通道模拟量输出模块）等。

3. 高速计数模块

FX$_{2N}$ 系列 PLC 内部已设置有高速计数模块，可以进行简单的定位控制。当需要更高精度的定位控制时，可使用高速计数模块 FX$_{2N}$—1HC。

4. 铂电阻输入模块 $FX_{2N}—4AD—PT$

该模块将来自 4 个铂电阻温度传感器（Pt100，3 线，100Ω）的输入信号放大，并转换成 12 位数据，摄氏度和华氏度数据都可以读取。

11.1.2 FX_{2N} 系列 PLC 特殊功能模块的安装及使用

1. 特殊功能模块与 PLC 主机的连接

不同型号的 PLC 可以通过查手册来确定其连接功能模块的数量，最多可连接 8 台功能模块（对应的编号为 0～7），所有的特殊功能模块都位于主机的右侧，用连接电缆依次连接。如图 11.1 所示，$FX_{2N}—48MR$ 基本单元通过扩展总线与特殊功能模块（模拟量输入模块 $FX_{2N}—4AD$，模拟量输出模块 $FX_{2N}—4DA$，温度传感器模拟量输入模块 $FX_{2N}—4AD—PT$）连接。

FX₂N—48MR	FX₂N—4AD	FX₂N—16EX	FX₂N—4DA	FX₂N—32ER	FX₂N—4AD—PT
0号		1号			2号

图 11.1 $FX_{2N}—48MR$ 与特殊功能模块连接示意图

2. 特殊功能模块位置的编号

从左至右依次为 N0、N1、N2……。需要注意的是，输入/输出扩展模块不参与编号，而且它们的位置可以任意放置。

3. FX_{2N} 系列 PLC 特殊功能模块之间的读、写操作

FX_{2N} 系列 PLC 与特殊功能模块之间的数据交换通过 FROM/TO 指令执行。FROM 指令用于 PLC 基本单元读取特殊功能模块中的数据，TO 指令用于 PLC 基本单元将数据写到特殊功能模块中。读、写操作都是针对特殊功能模块的缓冲寄存器 BFM 进行的。

（1）特殊功能模块读指令。该指令的名称、助记符、指令代码、操作数如表 11.1 所示。

表 11.1 特殊功能模块读指令要素

指令名称	助 记 符	指 令 代 码	操 作 数			
			m1	m2	[D]	n
读指令	FROM	FNC78	K、H	K、H	KnY、KnM、KnS	K、H
			m1=0～7	m2=0～31	T、C、D、V、Z	n=1～32

其中，m1：特殊功能模块号，m1=0～7；

　　　　m2：特殊功能模块的缓冲寄存器（BFM）首元件编号，m2=0～31；

　　　　[D]：指定存放在 PLC 中数据寄存器首元件号；

　　　　n：指定特殊功能模块与 PLC 之间的传送字数；

指令功能：将编号为 m1 的特殊功能模块中缓冲寄存器（BFM）编号从 m2 开始的 n 个数据读入 PLC 中，并存储于 PLC 中以 D 开始的 n 个数据寄存器中。特殊功能模块读指令梯形图如图 11.2 所示。

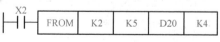

图 11.2 特殊功能模块读指令梯形图

此程序表示当 X2 接通时，将 N2 模块（$FX_{2N}—4AD—PT$）内 BFM#5～#8 的数据读入

PLC 主机 D20～D23 数据寄存器中。

（2）特殊功能模块写指令。该指令的名称、助记符、指令代码、操作数如表 11.2 所示。

表 11.2　特殊功能模块写指令要素

指令名称	助记符	指令代码	操作数			
			m1	m2	[S]	n
写指令	TO	FNC79	K、H	K、H	KnY、KnM、KnS	K、H
			m1=0～7	m2=0～31	T、C、D、V、Z	n=1～32

其中，m1：特殊功能模块号，m1=0～7；

m2：特殊功能模块的缓冲寄存器（BFM）首元件编号，m2=0～31；

[S]：PLC 中指定读取数据的首元件号；

n：指定模块与 PLC 之间的传送字数；

指令功能：将 PLC 中指定的以 S 元件为首地址的 n 个数据，写到编号为 m1 的特殊功能模块，并存入该特殊功能模块中以 m2 为首地址的缓冲寄存器（BFM）内。特殊功能模块写指令梯形图如图 11.3 所示。

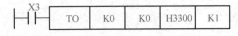

图 11.3　特殊功能模块写指令梯形图

在执行 FROM/TO 时，PLC 可以立即中断，也可以等到当前 FROM/TO 指令完成后再中断，这一功能的实现是通过 M8082 完成的，当 M8082 为 OFF 时，禁止中断，当 M8082 为 ON 时，允许中断。

此程序表示当 X3 接通时，将十六进制数 H3300 写入 N0 模块（4AD）的缓冲寄存器（BFM）的#0 单元中。

11.2　模拟量输入模块 FX$_{2N}$—4AD 实训

FX$_{2N}$—4AD 为 12 位高精度模拟量输入模块，具有 4 输入 A/D 转换通道，输入信号类型可以是电压（-10～+10V）或者电流（-20～+20mA），每个通道都可以独立地指定为电压输入或电流输入。

1. 实训目的

（1）了解 FX$_{2N}$—4AD 模块的性能特点及连接方法。

（2）学会特殊功能模块读、写指令的应用。

（3）掌握模块初始参数的设置方法。

2. 实训设备

PLC 主机，FX$_{2N}$—32MR，FX$_{2N}$—4AD，可调稳压电源，电压表，电流表，万用表，编程计算机，通信电缆等。

3. 预习要求

在实训之前，请复习 FX$_{2N}$—4AD 的相关知识。

4. 配线连接

如图 11.4 所示是模拟量输入模块 FX_{2N}—4AD 的端子接线图。当采用电流输入信号或电压输入信号时,端子的连接方法不一样。输入的信号范围应在 FX_{2N}—4AD 规定的范围之内。

图 11.4　FX_{2N}—4AD 的端子接线图

5. 实训内容

(1) 设置初始参数并运行设置程序。

① 阅读如图 11.5 所示的 FX_{2N}—4AD 梯形图与指令表,并逐条加以注释。

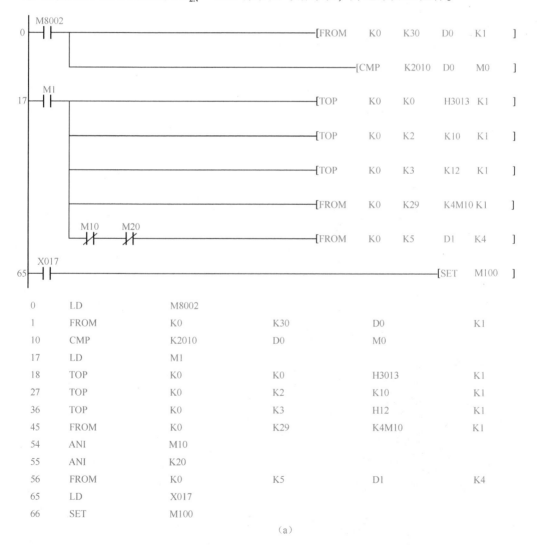

0	LD	M8002			
1	FROM	K0	K30	D0	K1
10	CMP	K2010	D0	M0	
17	LD	M1			
18	TOP	K0	K0	H3013	K1
27	TOP	K0	K2	K10	K1
36	TOP	K0	K3	H12	K1
45	FROM	K0	K29	K4M10	K1
54	ANI	M10			
55	ANI	K20			
56	FROM	K0	K5	D1	K4
65	LD	X017			
66	SET	M100			

(a)

图 11.5　FX_{2N}—4AD 梯形图与指令表

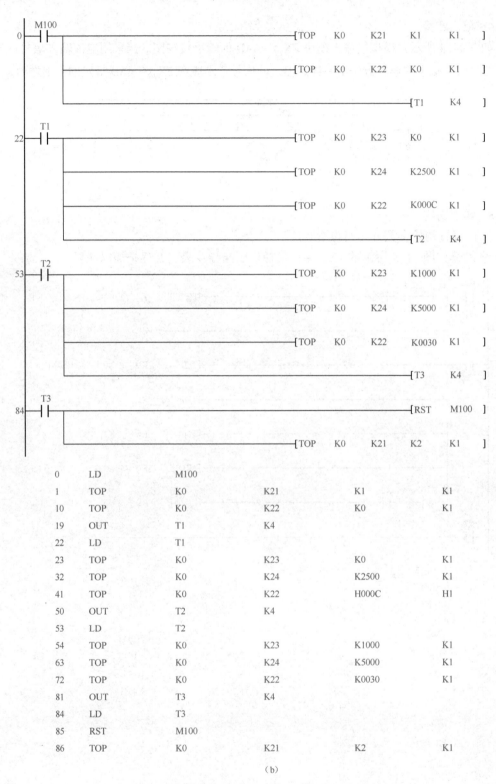

		(b)			
0	LD	M100			
1	TOP	K0	K21	K1	K1
10	TOP	K0	K22	K0	K1
19	OUT	T1	K4		
22	LD	T1			
23	TOP	K0	K23	K0	K1
32	TOP	K0	K24	K2500	K1
41	TOP	K0	K22	H000C	H1
50	OUT	T2	K4		
53	LD	T2			
54	TOP	K0	K23	K1000	K1
63	TOP	K0	K24	K5000	K1
72	TOP	K0	K22	K0030	K1
81	OUT	T3	K4		
84	LD	T3			
85	RST	M100			
86	TOP	K0	K21	K2	K1

图 11.5　FX$_{2N}$—4AD 梯形图与指令表（续）

② 用编程软件绘制梯形图并传送至主机。

③ 运行程序并监控。

④ 改变各通道的输入量并记录相应数据的变化量，填入表 11.3 中。

表 11.3　输入模拟量对应数据

通道号 CH	输入模拟量变化值（单位：　　　）						
对应数据 变化值							
通道号 CH	输入模拟量变化值（单位：　　　）						
对应数据 变化值							

（2）实训题。根据表 11.4 中的初始参数，设计模块 FX_{2N}—4AD 相应通道的应用和调整程序。

表 11.4　初始参数

通 道 号	输入范围	增 益	偏 置 量	平均采样数	平均值存放
CH1	−20～+20mA	10mA	−3mA	20	D1
CH2	不用				
CH3	−10～+10V	10V	2V	15	D3
CH4	不用				

① 设计参数调整的梯形图并传送至主机。

② 运行、调试该程序并监控。

③ 改变各通道输入量并记录相应数据的变化量，填入表 11.5 中。

表 11.5　测试数据

通道号 CH	输入模拟量变化值（单位：　　　）						
对应数据 变化值							
通道号 CH	输入模拟量变化值（单位：　　　）						
对应数据 变化值							

6. 实训数据处理及实训报告

（1）根据表 11.4 和表 11.5 的数据分别画出各通道的增益和偏置曲线。

（2）分析实训结果，总结该模块增益和偏置量的调整规律。

（3）结合你的工作，列举出该模块可实际应用的场合。

11.3　模拟量输出模块 FX_{2N}—2DA 实训

PLC 的模拟量输出模块是将 PLC 中经逻辑或数字运算处理后的数字量以连续电压量或

电流量的方式输出，用以直接驱动或控制需要模拟量输入的外部设备，如记录仪、变频器、加热炉等。

1. 实训目的

（1）了解 FX_{2N}—2DA 模块的性能特点及连接方法。

（2）掌握模块初始参数的设置方法。

2. 实训设备

PLC 主机，FX_{2N}—32MR，FX_{2N}—2DA，电压表，电流表，万用表，编程计算机，通信电缆等。

3. 预习要求

在实训之前，请复习 FX_{2N}—2DA 相关知识。

4. 配线连接

如图 11.6 所示是 FX_{2N}—2DA 的端子接线图。当采用电流输出或电压输出时，端子的连接方法不一样。

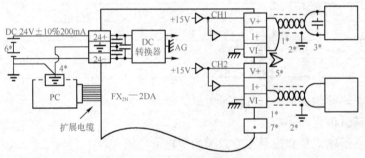

图 11.6　FX_{2N}—2DA 的端子接线图

5. 实训内容

（1）设置初始参数并运行设置程序。

① 阅读如图 11.7 所示的 FX_{2N}—2DA 梯形图与指令表，逐条加以注释，并根据模块的实际连接位置输入程序。

② 用编程软件绘制该梯形图并传送至主机。

③ 运行该程序并监控。

④ 改变数据寄存器 D2、D3 中的数据并记录相应的输出变化量，填入表 11.6 中。

表 11.6　输出数字量对应模拟量

通道号 CH	输出数字量变化值（单位：　　　）						
对应数据变化值							
通道号 CH	输出数字量变化值（单位：　　　）						
对应数据变化值							

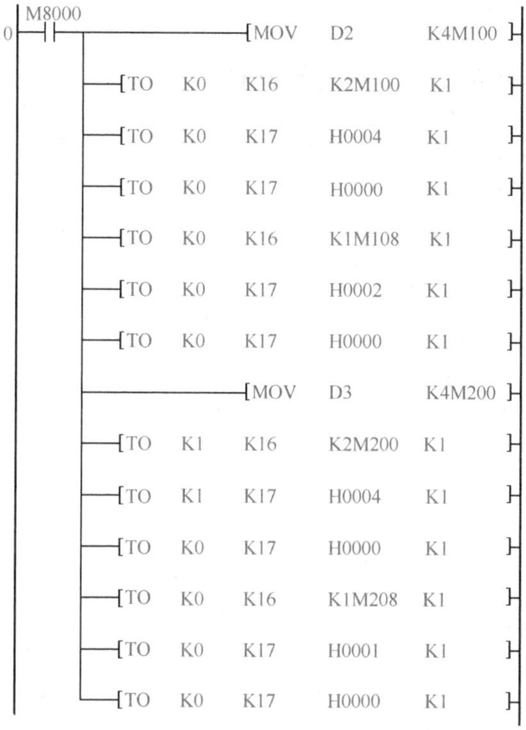

0 ⊢⊢ M8000	[MOV	D2	K4M100]	LD	M8000	
	[TO K0	K16	K2M100 K1]	MOV	D2	K4M100
	[TO K0	K17	H0004 K1]	TO	K0	K16 K2M100 K1
	[TO K0	K17	H0000 K1]	TO	K0	K17 H0004 K1
	[TO K0	K16	K1M108 K1]	TO	K0	K17 H0000 K1
	[TO K0	K17	H0002 K1]	TO	K0	K16 K1M108 K1
	[TO K0	K17	H0000 K1]	TO	K0	K17 H0002 K1
	[MOV	D3	K4M200]	TO	K0	K17 H0000 K1
	[TO K1	K16	K2M200 K1]	MOV	D3	K4M200
	[TO K1	K17	H0004 K1]	TO	K1	K16 K2M200 K1
	[TO K0	K17	H0000 K1]	TO	K1	K17 H0004 K1
	[TO K0	K16	K1M208 K1]	TO	K0	K17 H0000 K1
	[TO K0	K17	H0001 K1]	TO	K0	K16 K1M208 K1
	[TO K0	K17	H0000 K1]	TO	K0	K17 H0001 K1
				TO	K0	K17 H0000 K1

图 11.7　FX_{2N}—2DA 梯形图与指令表

（2）实训题。将 D2 中的数据转变成 5～10V 的电压量，由通道 CH1 输出；将 D3 中的数据转变成 4～20mA 的电流量，由通道 CH2 输出。当通道 CH1 的输出 5～10V 对应的数字范围为 0～4000 时，偏置量该如何调整呢？

① 设计参数调整的梯形图并传送至主机。

② 运行、调试该程序并监控。

③ 改变数据寄存器 D2、D3 中的数据并记录相应输出的变化量，填入表 11.7 中。

表 11.7　测试数据

通道号 CH	输出数字量变化值（单位：　　）					
对应数据变化值						
通道号 CH	输出数字量变化值（单位：　　）					
对应数据变化值						

6. 实训数据处理及实训报告

（1）根据表 11.6 和表 11.7 的数据分别画出各通道的输出特性曲线。

（2）分析实训结果，总结该模块增益和偏置量的调整规律。

11.4 铂电阻输入模块 FX$_{2N}$—4AD—PT 实训

FX$_{2N}$—4AD—PT 功能模块可将来自 4 个铂电阻温度传感器的输入信号放大，并将数据转换成 12 位可读数据，摄氏度和华氏度数据都可以读取。

1. 实训目的

（1）了解 FX$_{2N}$—4AD—PT 模块的性能特点及连接方法。

（2）掌握模块初始参数的设置方法。

2. 实训设备

PLC 主机，FX$_{2N}$—32MR，FX$_{2N}$—4AD—PT，铂电阻传感器，加热器，编程计算机，通信电缆等。

3. 预习要求

在实训之前，请复习 FX$_{2N}$—4AD—PT 相关知识。

4. 配线连接

FX$_{2N}$—4AD—PT 接线图如图 11.8 所示。

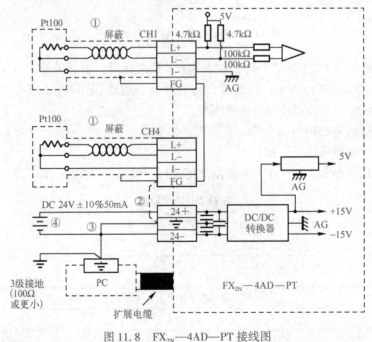

图 11.8 FX$_{2N}$—4AD—PT 接线图

5. 实训内容

（1）设置初始参数并运行设置程序。

① 阅读如图 11.9 所示的 FX$_{2N}$—4AD—PT 梯形图与指令表，并逐条加以注释。

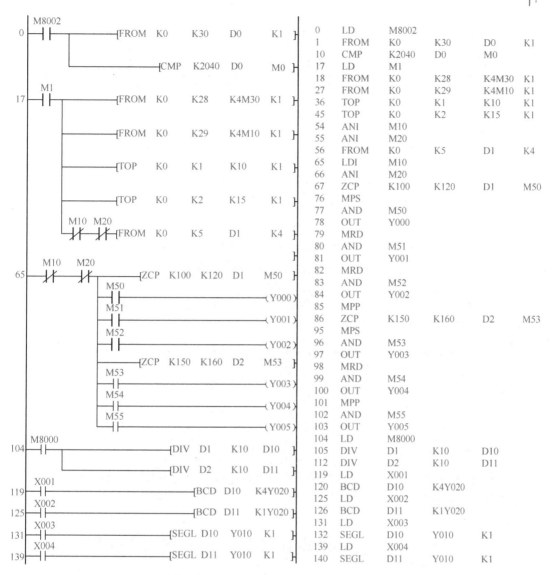

图 11.9　FX$_{2N}$—4AD—PT 梯形图与指令表

② 用编程软件绘制该梯形图并传送至主机。

③ 运行该程序并监控。

④ 改变各通道输入量并记录相应数据的变化量，填入表 11.8 中。

表 11.8　FX$_{2N}$—4AD—PT 测试数据

通道号 CH	输入模拟量变化值（单位：　　）						
对应数据变化值							
通道号 CH	输入模拟量变化值（单位：　　）						
对应数据变化值							

（2）实训题。根据表 11.9 中的初始参数，设计模块相应通道的应用和调整程序。

表 11.9　初始参数

通　道　号	温控范围	平均采样数	平均值存放
CH1	不用		
CH2	330℃～345℃	12	D2
CH3	220℃～230℃	16	D3
CH4	不用		

① 设计参数调整的梯形图并传送至主机。

② 运行、调试该程序并监控。

③ 改变各通道输入量并记录相应数据的变化量，填入表 11.10 中。

表 11.10　FX_{2N}—4AD—PT 测试数据

通道号 CH	输入模拟量变化值（单位：　　）					
对应数据 变化值						
通道号 CH	输入模拟量变化值（单位：　　）					
对应数据 变化值						

6. 实训数据处理及实训报告

（1）根据表 11.8 和表 11.10 的数据分别画出各通道温度输入的转换曲线。

（2）分析实训结果。

11.5　高速计数模块 FX_{2N}—1HC 的应用

FX_{2N} 系列 PLC 主机具有高速计数器的处理功能，使用 X0 或 X1 一相输入，内部使用 C235、C236、C246 时，计数频率可达 60kHz。如用 X0 和 X1 作两相输入，内部使用 C251 时，计数频率也可达 30kHz，如这样的计数频率还不能满足使用要求，则往往再选用高速计数模块。

1. 实训目的

（1）了解 FX_{2N}—1HC 模块的性能特点及连接方法。

（2）掌握模块初始参数的设置方法。

2. 实训设备

PLC 主机，FX_{2N}—1HC，高速 A-B 相脉冲发生器，编程计算机，通信电缆等。

3. 预习要求

在实训之前，请复习 FX_{2N}—1HC 相关知识。

4. 配线连接

FX$_{2N}$—1HC 模块接线图如图 11.10 所示。

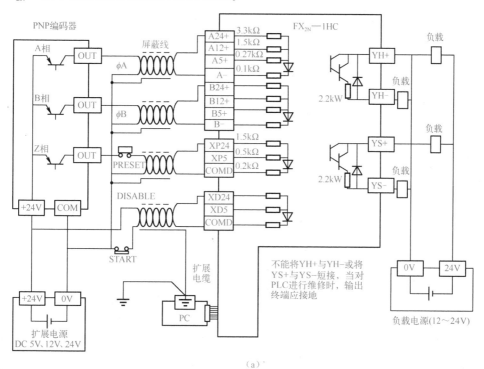

（a）

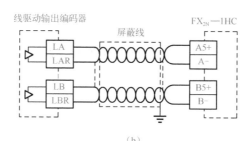

（b）

图 11.10　FX$_{2N}$—1HC 模块接线图

5. 实训内容

（1）设置初始参数并运行设置程序。

① 阅读如图 11.11 所示的 FX$_{2N}$—1HC 梯形图与指令表，并逐条加以注释。

② 用编程软件绘制该梯形图并传送至主机。

③ 运行该程序并监控。

（2）实训题。设计一个 16 位一相两输入加法计数器的初始参数设置程序，硬件输出的比较值为 K7000，软件输出的比较值为 K6500，并将软件输出信号送 PLC 的 M100，硬件输出信号送 PLC 的 Y10。

① 用编程软件绘制该梯形图并传送至主机。

② 运行、调试该程序并监控。

③ 改变脉冲频率及输入方式，观察计数器的运行状况。

```
0    M8002
     ├─┤ ├────[FROM  K0    K30   D0    K1 ]─┤
     │        [CMP   K4010 D0    M0 ]─┤
17   M1
     ├─┤ ├────[TOP   K0    K0    K3    K1 ]─┤
     │        [TOP   K0    K1    K1    K1 ]─┤
     │        [TOP   K0    K12   K6000 K1 ]─┤
     │        [TOP   K0    K14   K5500 K1 ]─┤
     │        ─────────────────────( M10 )─┤
     │        ─────────────────────( M11 )─┤
     │        ─────────────────────( M12 )─┤
57   X000
     ├─┤ ├────────────────────────( M19 )─┤
     │        ─────────────────────( M20 )─┤
60   M8000
     ├─┤ ├────[TO    K0    K4    K4M10 K1 ]─┤
     │        [FROM  K0    K27   K4M30 K1 ]─┤
79   M32
     ├─┤ ├────────────────────────( Y010 )─┤
81   M33
     ├─┤ ├────────────────────────( M100 )─┤
```

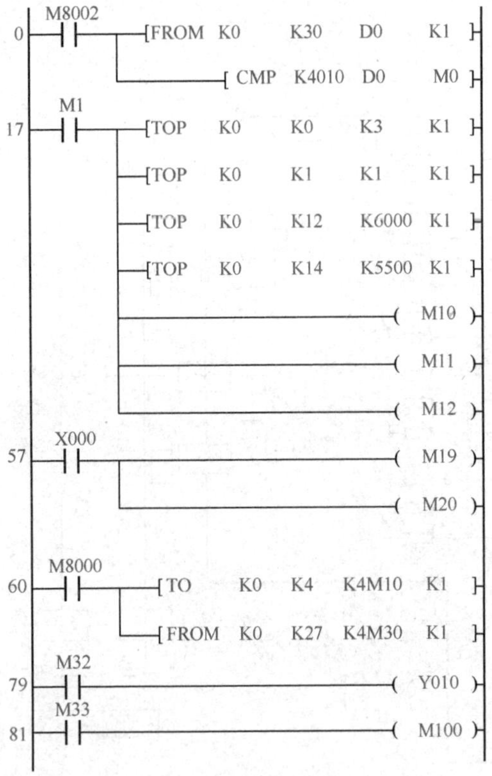

0	LD	M8002			
1	FROM	K0	K30	D0	K1
10	CMP	K4010	D0	M0	
17	LD	M1			
18	TOP	K0	K0	K3	K1
27	TOP	K0	K1	K1	K1
36	TOP	K0	K12	K6000	K1
45	TOP	K0	K14	K5500	K1
54	OUT	M10			
55	OUT	M11			
56	OUT	M12			
57	LD	X000			
58	OUT	M19			
59	OUT	M20			
60	LD	M8000			
61	TO	K0	K4	K4M10	K1
70	FROM	K0	K27	K4M30	K1
79	LD	M32			
80	OUT	Y010			
81	LD	M33			
82	OUT	M100			

图 11.11　FX$_{2N}$—1HC 梯形图与指令表

6. 分析实训结果

（1）比较高速计数模块与 PLC 内部高速计数器的区别。

（2）列举该模块可实际应用的场合。

第 12 章 PLC 可靠性技术与工程实践

本章要点

（1）了解提高 PLC 控制系统可靠性的措施。

（2）掌握 PLC 的维护与故障诊断方法。

（3）掌握 PLC 控制系统的调试方法。

（4）了解 PLC 用于继电器—接触器控制系统改造时应注意的问题。

12.1 提高 PLC 控制系统可靠性的措施

PLC 是工业控制装置，是专门为工业生产服务的控制器，一般不需要采取特别的措施，可直接用于工业环境。但是，当生产环境过于恶劣、电磁干扰特别强或安装使用不当时，其可靠性易受影响，因此只有严格按照技术指标使用，才能保证其长期安全可靠运行。

一般情况下，影响 PLC 可靠性的故障大多发生在电源、外围输入/输出回路及 PLC 连接的外部线路等方面。

12.1.1 工作环境和安装注意事项

（1）温度。技术指标规定 PLC 的工作环境温度为 0～55℃，因此，不要把 PLC 安装在发热量大的元件附近，也不宜安装在多灰尘、油烟的环境下，基本单元与扩展单元双列安装时要留有 30mm 以上的距离。PLC 不能与高压电器安装在一起；控制柜应远离强干扰和动力线，如大功率可控硅装置、高频焊机、大型动力设备等，二者间距应大于 200mm；开关柜上、下部应有通风的百叶窗，防止太阳直接照射。

（2）湿度。为了保证 PLC 的绝缘性能，空气的相对湿度应小于 85%RH（无凝露）。

（3）振动。应使 PLC 远离强烈的振动源。防止频率为 10～55Hz 的频繁或连续的振动。当使用环境不可避免出现振动时，必须采取减振措施，如采用减振橡皮等。

（4）空气。避免有腐蚀和易燃气体，如氯化氢、硫化氢等。对于空气中有较多粉尘或腐蚀性气体的环境，可将 PLC 安装在封闭性较好的控制室或控制柜中，并安装空气净化装置。

12.1.2 系统供电与接地

1. 系统供电

系统的干扰大多通过电源进入 PLC。在干扰较强或对可靠性要求较高的场合，动力部分、控制部分、PLC 自身电源及 I/O 回路的电源应分开配线，工频电源须用带屏蔽层的隔离变压器，也可再串接 LC 滤波电路给 PLC 供电，隔离变压器与 PLC 之间采用双绞线连接。如图 12.1 所示为一种常用的 PLC 供电方式。隔离变压器一次侧以接交流 380V 为宜，可避免地电流干扰。用这种方式供电，在紧急停止时，PLC 的输出电路可在 PLC 外部切断。输入电路用的外接直流电源最好采用稳压电源，一般整流滤波电源有较大的纹波，容易引起误动作。

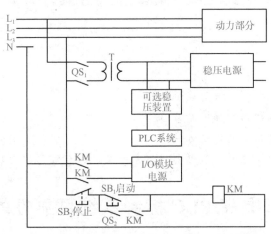

图 12.1　常用的 PLC 供电方式

2. PLC 的接地

良好的接地是保证 PLC 可靠工作的重要条件，可以避免偶然发生的电压冲击危害。PLC 的接地线与设备的接地端相连，接地线的截面积应不小于 $2mm^2$，接地电阻要小于 100Ω。如果使用扩展单元，其接地点应与基本单元的接地点连在一起。为了有效抑制加在电源和输入输出端的干扰，PLC 应使用专用接地线，接地点应与动力设备的接地点分开。如果达不到这种要求，也必须做到与其他设备公共接地，接地点要尽量靠近 PLC，严禁 PLC 与其他设备串联接地。

12.1.3 安装与布线

（1）动力线、控制线以及 PLC 的电源线和 I/O 线应分别配线，隔离变压器、PLC 和 I/O 之间应采用双绞线连接。

（2）PLC 应远离强干扰源，如电焊机、大功率整流装置和大型动力设备等，不能与高压电器安装在同一个开关柜内。

（3）PLC 的输入与输出最好分开走线，开关量与模拟量信号线也要分开敷设。模拟量信号的传送采用屏蔽线，屏蔽线应一端或两端接地，接地电阻应小于屏蔽层电阻的 1/10。

（4）PLC 基本单元与扩展单元、功能模块的连接线应单独敷设，以防外界信号干扰。

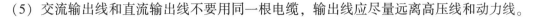

(5) 交流输出线和直流输出线不要用同一根电缆，输出线应尽量远离高压线和动力线。

12.1.4　输入/输出回路的接线及注意事项

1. 输入接线

(1) 输入接线一般不要超过 30m，如果环境干扰较小，电压降不大，则输入接线可以适当长些。

(2) 输入接线和输出接线不能用同一根电缆，必须分开。

(3) 尽可能采用常开触点形式连接到输入端，使编制的梯形图与继电器原理图一致，便于阅读。

(4) 当采用无触点元件作输入时，要注意输入漏电流。PLC 的输入灵敏度高，FX_{2N} 系列 PLC 的输入电流为 DC 24V、7mA。引起输入动作的最小电流为 2.5～3mA，但要确保输入有效，输入电流必须大于 4.5mA。反之，要保证输入信号无效，输入电流必须小于 1.5mA，输入电流在 1.5～4.5mA 时会产生误信号。因此，必要时应在输入元件两端并接阻值适当的泄放电阻，以减小输入阻抗。

2. 输出接线

(1) 输出接线分为独立输出接线和公共输出接线。在不同组中，可采用不同类型和电压等级的电源。但在同一组中，只能采用同一类型、同一电压等级的电源。

(2) 由于 PLC 的输出元件被封装在印制电路板上，并且连接至端子板，若将连接输出元件的负载短路，将烧毁印制电路板，因此，应用熔丝保护输出元件。

(3) 采用继电器输出时，所承受的电感性负载的大小会影响继电器的工作寿命，因此，使用电感性负载时，应选择工作寿命较长的继电器。

(4) PLC 一般可直接驱动接触器、继电器和电磁阀等负载。但在环境恶劣、输出回路接地短路故障较多的场合，最好在输出回路上加装熔断器。采用继电器输出的 PLC，接感性负载时，应在负载两端并接 RC 浪涌抑制器；接直流负载时，应并接续流二极管。采用可控硅输出的 PLC，输出时会伴有较大的开路漏电流，可能会引起小电流负载的误动作，应加入 RC 或泄放电路，提高系统的可靠性。

(5) 负载电源即便是交流 220V，也不宜直接取自电网，应采取屏蔽隔离措施。同一系统的基本单元、扩展单元的电源与其输出电源应取自同一相。

在电源线配线施工中，输出模块的电源配线必须采用放射式，不能采用链式跨接。跨接很容易造成首块模块的电源端子过电流。

根据负载性质并结合输出点的要求，确定负载电源的种类及电压等级，能用交流的就不选直流，220V 可行的不选 24V。

12.1.5　PLC 的外部安全电路

为了确保整个系统能在安全状态下可靠工作，避免由于外部电源故障、PLC 异常、误操作以及误输出造成重大经济损失和人身伤亡事故，PLC 外部应安装必要的保护电路。

(1) 急停电路。对于能够造成用户伤害的危险负载，除了在 PLC 控制程序中加以考虑，还要设置外部紧急停车电路。如此一来，在 PLC 发生故障时，能将引起伤害的负载和故障设备可靠切断。

（2）保护电路。在正反转等可逆操作的控制系统中，要设置外部电气互锁保护。在往复运动和升降移动的控制系统中，要设置外部限位保护。

（3）自检功能。当 PLC 自检功能检测出异常时，输出全部关闭。但当 PLC 的 CPU 发生故障时，则不能控制输出。因此，对于有可能给用户造成伤害的危险负载，为确保设备在安全状态下运行，须设计外电路防护。

（4）电源过负荷的保护。如果 PLC 的电源发生故障，中断时间小于 10ms，则 PLC 工作不受影响。若电源中断时间超过 10ms 或电源电压下降超过允许值，则 PLC 停止工作，所有的输出端口均同时断开。要特别注意电源恢复时，PLC 控制的操作能否自动投入运行。为了应对电源过负荷的短暂失电，必须在软硬件两方面采取措施。生产允许时最好将 PLC 设定为断电再复电时手动重启动。

（5）重大故障的报警和防护。对于易发生重大事故的场所，为了确保控制系统在事故发生时仍能可靠地报警和防护，应将与重大故障有联系的信号通过外电路输出，以使控制系统能够在安全状态下运行。

12.1.6　用户程序存储

用户程序宜存储在 EPROM 或 EEPROM 当中，当后备电池失电时程序不会丢失。若程序存储在 RAM 中，应时常注意 PLC 的后备电池异常信号 BATT. V。当后备电池异常时，必须在一周内更换电池，更换时间不要超过 5min。此外，还要做好程序的备份工作。

12.2　PLC 的维护与故障诊断

12.2.1　PLC 的维护

PLC 的维护主要包括以下方面。

（1）应制定维护保养制度，做好运行、维护、保养记录，定期对系统进行检查保养，时间间隔为半年，最长不超过一年。

（2）保养的项目有检查设备安装、接线有无松动现象，焊点、接点有无松动或脱落；检查供电电压是否在允许范围之内；除尘去污，清除杂质。

（3）校验输入元件、信号是否正常，是否出现偏差等异常现象。

（4）机内后备电池的定期更换。锂电池的寿命通常为 3～5 年，当电池电压降低到一定值时，电池电压指示 BATT. V 亮。

（5）加强 PLC 维护和使用人员的思想教育，不断提升他们的业务素质。

12.2.2　故障检查与排除

1. PLC 的自诊断

PLC 本身具有一定的自诊断能力，使用者可依据 PLC 面板上各种指示灯的发亮和熄灭状况，判断 PLC 系统是否存在故障，这给用户初步诊断故障带来了很大的方便。PLC 基本单元面板上的指示灯如下。

（1）POWER 电源指示。当供给 PLC 的电源接通时，该指示灯亮。

（2）RUN 运行指示。当 SW1 置于 "RUN" 位置或基本单元的 RUN 端与 COM 端的开关合上时，PLC 处于运行状态，该指示灯亮。

（3）BATT. V 机内后备电池电压指示。当 PLC 的电源接通时，如果锂电池电压下降到一定值，则该指示灯亮。

（4）PROG..E（CPU. E）程序出错指示。当出现以下错误时，该指示灯闪烁。

① 程序语法有错。

② 程序线路有错。

③ 定时器或计数器没有设置常数。

④ 锂电池电压下降。

⑤ 由于噪声干扰或导线头落在 PLC 内导致 "求和" 检查出错。

当发生以下情况时，该指示灯持续亮。

① 程序执行时间超出允许时间，使监视器动作。

② 由于电源浪涌电压的影响，造成噪声瞬时加到 PLC 内，致使程序执行出错。

（5）输入指示。当 PLC 输入端有正常输入时，输入指示灯亮。当 PLC 输入端有输入而指示灯不亮或无输入而指示灯亮时，则表示有故障。

（6）输出指示。若有输出且输出继电器触点动作，则输出指示灯亮。如果指示灯亮而触点不动作，则可能是输出继电器触点已烧坏。

2. 故障检查

依据 PLC 基本单元面板上各种指示灯的运行状态，可以初步判断出发生故障的范围，在此基础上可进一步查清故障。先检查确定故障出现在哪一部分，即先进行 PLC 系统的总体检查，总体检查的流程图如图 12.2 所示，供读者参考。

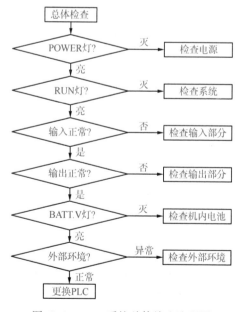

图 12.2　PLC 系统总体检查流程图

从总体检查流程图中可以看出检查的顺序和步骤。检查的项目和内容如下。

（1）电源系统检查。从 POWER 指示灯的亮或灭，较容易判断电源系统正常与否。只有电源正常工作，才能检查其他部分的故障，所以应先检查或修复电源系统，使其正常工作。引起电源系统故障的原因包括供电电压不正常、熔断器熔断或连接不好、接线或插座接触不良、指示灯或电源部件损坏。

（2）系统异常运行检查。先检查 PLC 是否置于运行状态，再监视检查程序是否有错，若还不能查出，应接着检查存储器芯片是否插接良好，仍查不出时，则检查或更换微处理器。

（3）检查输入部分。输入部分检查表如表 12.1 所示。

表 12.1　输入部分检查表

故障现象	可能的原因	处理建议
输入均不接通	1. 未向输入信号源供电 2. 输入信号源电源电压过低 3. 端子螺钉松动 4. 端子板接触不良	1. 接通有关电源 2. 调整合适 3. 拧紧 4. 处理后重接
PLC 输入全异常	输入单元电路故障	更换输入单元
特定输入继电器不接通	1. 输入信号源(器件)故障 2. 输入配线断 3. 输入端子松动 4. 输入端接触不良 5. 输入接通时间过短 6. 输入回路(电路)故障	1. 更换输入器件 2. 重接 3. 拧紧 4. 处理后重接 5. 调整有关参数 6. 查电路或更换
特定输入继电器关闭	输入回路(电路)故障	查电路或更换
输入随机性动作	1. 输入信号电平过低 2. 输入接触不良 3. 输入噪声过大	1. 查电路及输入器件 2. 检查端子接线 3. 加屏蔽或滤波措施
动作正确，但指示灯灭	LED 损坏	更换 LED

（4）检查输出部分。输出部分检查表如表 12.2 所示。

表 12.2　输出部分检查表

故障现象	可能的原因	处理建议
输出均不接通	1. 未加负载电源 2. 负载电源已坏或电压过低 3. 接触不良(端子排) 4. 熔丝已坏 5. 输出回路(电路)故障 6. I/O 总线插座脱落	1. 接通电源 2. 调整或修理 3. 处理后重接 4. 更换熔丝 5. 更换输出部件 6. 重接

续表

故 障 现 象	可 能 的 原 因	处 理 建 议
输出均不关断	输出回路(电路)故障	更换输出部件
特定输出继电器不接通(指示灯灭)	1. 输出接通时间过短 2. 输出回路(电路)故障	1. 修改输出程序或数据 2. 更换输出部件
特定输出继电器不接通(指示灯亮)	1. 输出继电器损坏 2. 输出配线断 3. 输出端子接触不良 4. 输出驱动电路故障	1. 更换继电器 2. 重接或更新 3. 处理后更新 4. 更换输出部件

（5）检查电池。机内电池部分出现故障，一般多由电池装接不好或使用时间过长所致，将电池装接牢固或更换电池即可。

（6）外部环境检查。PLC 控制系统工作正常与否与外部环境也有关系，有时发生故障的原因可能就在于外部环境不合乎 PLC 系统工作的要求。检查外部工作环境主要包括以下几个方面。

① 如果环境温度高于 55℃，应安装电风扇或空调机，以改善通风条件；如果环境温度低于 0℃，应安装加热设备。

② 如果相对湿度高于 85%，则容易造成控制柜中挂霜或滴水，引起电路故障，应安装空调器等，使相对湿度不低于 35%。

③ 周围有无大功率电气设备（如晶闸管变流装置、弧焊机、大电动机）等产生不良影响，如果有，则应采取隔离、滤波、稳压等抗干扰措施。

④ 特别指出的是，不能忽视检查交流供电电源电压是否经常性波动及波动幅度的大小，如经常性波动且幅度较大，则应加装交流稳压器。

12.2.3　PLC 程序调试

PLC 控制系统的程序调试分为实验室调试、制造车间调试和现场调试。下面主要介绍制造车间调试和现场调试。

1. 制造车间调试

（1）当系统上电后，通过观察 CPU 及各接口模块的指示灯，判断 CPU 和接口状态是否正常，检查系统能否运行、系统的通信装置是否满足要求。

（2）用数码拨盘模拟输入信号和反馈信号，并将其接入对应的输入点，模拟实际运行情况。将实验室调试完毕的各控制单元程序块连接起来，并通过显示器及输出模块来观察是否有相应的顺序输出，以此认定 PLC 的工作程序是否满足逻辑要求。

调试时应充分考虑各种可能出现的情况。在不同的工作方式下，对逻辑图的每条支路、各种可能的回路都逐一检查，以确保输入与输出之间的关系完全符合逻辑要求。程序中有些定时器设定值较大，为缩短调试时间，在调试时可将设定值减少，待模拟调试结束后再写入原值。

调试时，PLC 之外的各控制设备（如控制台、控制屏等）的制作及配线工作可同时进行，以缩短生产周期。

2. 现场调试

PLC 控制装置在现场安装后，要进行联机调试。通过实际操作观察现场设备的运行状态，并根据现场设备及工艺要求对程序进行调试和修改，直到整个程序控制系统良好运行为止。现场调试要求调试人员不但要对程序逻辑十分清楚，还要熟悉所有被控设备的工作原理。这部分工作量大，要求高，是程序调试的关键。

12.3　输入/输出口的利用和扩展

在 PLC 控制工程中，输入/输出口及机内的各类元件都是工程资源。充分利用好有限的资源对工程非常重要。资源不会凭空产生，输入/输出口扩展的核心是以丰补欠，即用系统中多余的资源弥补不足的资源。

12.3.1　利用 COM 端扩展输入口

PLC 的输入口需要和 COM 端构成回路。如果在 COM 端上加接分路开关，对输入信号进行分组选择，则可以使输入口得到扩展。如图 12.3 所示，PLC 的每个输入口上都接有两个输入元件，并通过开关 K 进行转换。该电路可用于手动/自动控制选择。当开关 K 处于自动位置时，开关 SB_3、SB_4 被接入电路；当开关 K 处于手动位置时，开关 SB_1、SB_2 被接入电路。这种扩展方式可用于工作中不频繁交换控制方式的场合。开关 K 可以是手动操作的开关。

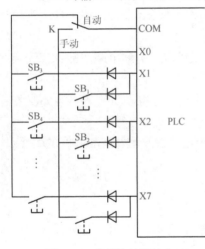

图 12.3　分组法扩展输入口

图 12.3 中的二极管是用来切断寄生电路的。假设图中没有二极管，则系统处于自动状态，SB_1、SB_2、SB_3 闭合，SB_4 断开，这时将有电流从 X2 端子流出，经 SB_2、SB_1、SB_3 形成的寄生回路流回 COM 端，使输入继电器 X2 错误地变为 "1" 状态。各开关串联二极管后，切断了寄生回路，避免了错误输入的产生。

12.3.2　利用输出端扩展输入口

在图 12.3 的基础上，如果每个输入口上接有多组输入信号，开关 K 就必须是一个多掷开关。这样的多掷开关如果手动操作是十分不方便的，故采用几个输出口代替这个开关，电路如图 12.4 所示。这是一个三组输入的例子，当输出口 Y0 接通时，K1、K2、K3 被接入电路；当输出口 Y1 接通时，机器读取 K4、K5、K6 的工作状态；当 Y2 置 "1" 时，K7、K8、K9 的工作信号被读取。Y0、Y1、Y2 的控制要靠软件实现。需要在程序中安排合适的时机，接通某个输出口使机器输出所需的信号。输入信号的这种读取方式在使用拨码开关时较为常见。这时三组输入信号是循环扫描输入的。一种常见的方法是采用移位寄存器类器件实现相关输出口的扫描接通，以扫描读入并刷新输入数据，图 12.5 是与图 12.4 电路相关的梯形图。图中，时间继电器 T10 构成振荡器，用于产生一个定时脉冲，然后用这个脉冲实现移位操作，再使用顺序置 "1" 的辅助继电器使输出继电器置 "1"，完成输入信号的分时读工作。

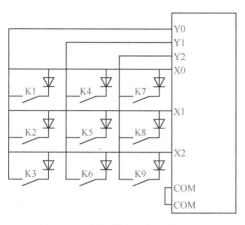

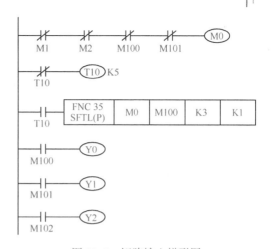

图 12.4　利用输出口扩展输入口　　　　　　图 12.5　矩阵输入梯形图

图 12.4 中输入口的接线像一个矩阵，因而这种端口扩展方法被称为"矩阵法"。这种方法处理的输入信号都是相对稳定的，如信号的变化比扫描的时间快，则信号就有丢失的危险。

12.3.3　利用输出端扩展输出口

将以上思想应用在输出口的扩展上，用几个输出口轮流接通，实现另外一些输出口上连接的多组输出设备的分时接通，就可实现利用输出端扩展输出口的目的。这时的接线示意图如图 12.6 所示，输出口上接有多组显示器件，可以实现动态分时显示。

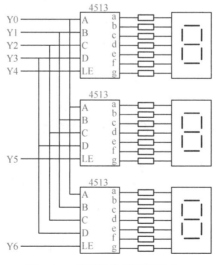

图 12.6　利用输出端扩展输出口

12.3.4　利用机内器件扩展输入/输出口

当机器各种口的资源都不多时，可以利用机内的计数器、辅助继电器实现输入/输出口的扩展。图 12.7 是只用一只按钮实现启动、停止两个功能的梯形图，读者可自行分析。

图 12.8 是利用限位开关加一个计数器实现多位置限位。图中，限位开关安装在导轨的两端，两只限位开关的常开触点并联接于 PLC 的输入口 X10 上。从梯形图中可以看出，X10 作为计数器 C10 的计数脉冲工作。装在小车上的撞块，每撞动一次限位开关，C10 就计数一次。系统工作之初，在小车位于轨道左端时，通过启动配置程序使计数器计数值为 1。电动机反转，当小车向右运行到达终端时，计数器计 2，电动机恢复为正转。此后，通过程序中的奇偶判断及电动机的运转方向控制程序，使计数器计奇数时电动机反转，计偶数时电动机正转。此外，我们还可以利用程序使同一个显示器件以不同的工作方式传递不同的信息，如一个指示灯，长亮表示正常，闪亮表示事故，这也相当于扩展了输出口。

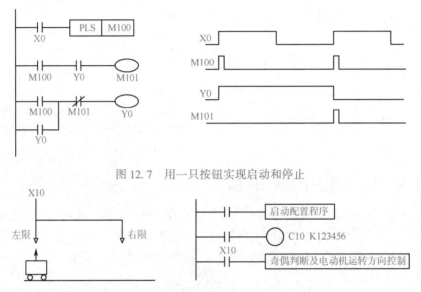

图 12.7 用一只按钮实现启动和停止

图 12.8 利用限位开关加一个计数器实现多位置限位

12.3.5 利用线路连接扩展输出口

利用输入/输出口的接线也可以达到扩展输入/输出口的目的。例如，将两个相与作用的信号直接在一个输入口上串联连接；将两个同步动作的输出信号并联起来；将手动按钮直接并接在输出口上，如图 12.9 所示。

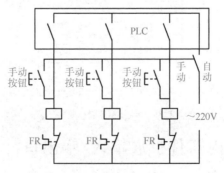

图 12.9 手动按钮并接于输出口

12.4　PLC 用于继电—接触器控制系统 改造时对若干技术问题的处理

继电—接触器控制系统在机床、电梯、自动流水线的电控设备中仍有使用，PLC 用于继电—接触器控制系统改造时，需要注意若干技术问题。

（1）输入电路处理。

① 停止按钮用常闭输入，PLC 内部用常开输入，以缩短响应时间。

② 将热继电器的触点与相应的停止按钮串联后一同作为停止信号，以减少输入点。当系统中的电动机负载较多时，输入点节约潜力很大。

（2）输出电路处理。

① 负载容量不能超过 PLC 输出器件允许承受的能力，否则会损坏输出器件，降低寿命。

② 在输出回路中加装熔断器，防止外设短路时大电流损坏输出器件。

③ 在输出回路中，除了软件互锁，硬件必须同时互锁。

（3）充分考虑 PLC 与继电—接触器在运行方式上的差异。

要以满足原系统的控制功能和目标为原则，绝不能将原继电控制线路生搬硬套。因为 PLC 采用串行扫描方式，而继电器控制则采用并行运行方式，在应用时要特别注意。

（4）要根据系统需要，充分发挥 PLC 的软件优势，赋予设备新的功能。要充分利用 PLC 的数据传送功能和算术运算功能。

（5）延时断开时间继电器的处理。在实际控制中，延时分为通电延时和断电延时两种类型。PLC 的定时器为通电延时类型，要实现断电延时，还必须对定时器进行必要的处理。

（6）现场调试前的模拟调试运行。当用 PLC 改造继电—接触器控制系统时，并非两种控制装置的简单替换。由于原理和结构上的差异，仅根据对逻辑关系的理解编制程序不一定正确，能否完全取代原系统的功能，必须由实验验证。因此，现场调试前的模拟调试运行是不可缺少的环节。

（7）改造后试运转期间的跟踪监测、程序的优化和资料整理。仅通过调试试车还不足以暴露所有的问题，因此，在设备投入运行后，负责改造的技术人员应跟班作业，对设备运行进行跟踪监测，一方面可以及时处理突发事件，另一方面可以发现程序设计中的不足，对程序进行修改、完善和优化，提高系统的可靠性。

思考与练习

12.1　如何提高 PLC 系统供电的可靠性？

12.2　PLC 系统接地时有哪些注意事项？

12.3　影响 PLC 正常工作的外部因素有哪些？应如何防范？

12.4　PLC 在线路安装时应注意哪些问题？

第 13 章　PLC 课程设计

13.1　PLC 课程设计总体要求

1. 课程性质

本课程设计是在学习了 PLC 基本指令、PLC 功能指令和工业控制的人机界面这三门核心课程的基础上，通过课程设计的实践，系统地掌握在工业自动化控制系统中，PLC 及计算机控制的设计和应用的知识，为今后从事专业技术工作打下基础。

2. 课程目的

本课程以工业自动化控制系统的设计为主，设计由一些工业自动化设备组成的生产线的电气自动化控制系统。整体控制方案既可以采用集中分散式控制方案，也可以采用链式分散控制方案。目的是使整个生产线保持节拍、协调作业，能够高效、稳定的工作，形成现代化的生产规模。

3. 设计内容

工业自动化生产线由一些自动化设备组成，每一台设备在生产线中完成一部分工作，产品加工时通过运输工具在各台设备之间传递，因此这种自动化生产线也称流水线。

本课程设计要求通过 PLC 实验装置模仿这种流水线的工作，一个 PLC 实验装置仿真一台生产设备，几台 PLC 实验装置组成整个生产流水线。根据要求，整个班级分成几个项目组，几个学生组成一个项目组，每个学生完成其中一台设备（一个实验装置）的编程和调试。

课程设计仿真生产线是一条零件加工流水线，主要由 6 台设备组成 6 个工作单元，中间有一些辅助设备和环节，可供 6～8 名学生组成项目组进行课程设计。下面简单介绍一下这些设备的加工过程。

第 1 单元：由传送带运输毛坯零件通过一个长度检测和分类的辅助设备。正常规格予以通过；超长的零件也可以通过，但要加以标记，以便进行二次加工；短的零件则报废剔除。可以加工的零件到达加工设备后，先经过定位、夹紧、端面加工，再释放到传送带上输送到下一个工位。有标记的超长零件，则在完成上述加工后，再进行二次加工进入下一工位。

第 2 单元：运送来的零件进入一个三工位设备的上料工位（一工位），零件在上料工位排队，当有加工信号时，释放一个零件到待加工位，再由送料器送到加工工位（二工位），若加工工位上原来有零件，则送料器同时将该零件送到卸料工位（三工位）。零件到达加工工位后，加工机构进行加工，加工完成后等待送料器将该零件送到卸料工位，同时再送入下一个新零件。零件到达卸料工位后，卸料推杆将该零件推入传送带，向下一个工位输送。

第 3 单元：该零件的下一步加工位置是在一台四工位旋转工作台上，要将零件安装到四工位旋转工作台上需通过机械手来完成，机械手负责该零件的安装和取走。机械手控制程序是本步工作的重点。机械手的底座是一个旋转台，可以停留在上料传送带、四工位工作台的装卸料工位、下料传送带三个方向上，机械手还可以进行升降、伸长缩短、夹紧放松运动。设计机械手控制程序时要注意，对于四工位旋转工作台来说，开始加工的 1～4 个零件都是先装料，不必卸料，把这种工作要求定为第一种控制模式。从第五个零件开始，必须先卸料再装料，以后连续工作也是这种要求，这是第二种控制模式。当有了停止信号后，要执行只卸料不装料的第三种控制模式。

第 4 单元：机械手将零件装到四工位旋转工作台的装卸料工位（一工位）后，旋转工作台转动 90°，将零件送到钻孔工位（二工位）进行加工，完成钻孔加工后，等待机械手将下一个零件装到工作台的装卸料工位后，旋转工作台再转动 90°，将该零件送到镗孔工位（三工位）进行加工，同时钻孔工位也对下一个零件进行加工。一、二、三工位都完成后，旋转工作台再转动 90°，将第一个零件送到倒角工位（四工位）进行加工，4 个工位都完成后，旋转工作台再转动 90°，将这个零件送到装卸料工位（一工位）完成全部加工，等待机械手将这个零件取走。注意，四工位旋转工作台控制二、三、四工位的加工，也要有 3 种工作模式，即工位上有零件时才加工，没有零件时就不加工。

第 5 单元：机械手将旋转工作台的零件卸料后，通过卸料传送带将零件传送到吊篮，吊篮上有一个计数器对进入吊篮的零件进行计数。满设定值后吊篮起吊，进行三个槽的化学处理。吊篮上升到顶后，向前移动到一号槽（去除表面油污）下降，在一号槽停留设定时间后，吊篮再次上升然后向前移动到二号槽（化学处理）下降，在二号槽停留设定时间后，吊篮再次上升然后再向前移动到三号槽（清洗干燥）下降，停留设定时间后，吊篮再次上升到中间位置，停留设定时间，再升到顶后向前移动到卸料工位下降，吊篮倾翻，将零件倒入振动筛。

第 6 单元：零件在振动筛中排队到出口，出口处的光电传感器判别到有排列整齐的零件，立刻启动两轴自动装箱机到出口处夹住零件，将零件放入箱中的指定位置，自动装箱机不断地将出口处的零件依次放入箱子的各个部位，直到该箱子放满，盖箱盖，换新箱子后，再进行装箱。

上述设备组成一条生产流水线，每个单元由一位学生设计、编程。但是，并不是每位学生编写了自己负责单元的控制程序，整个生产流水线就能够正常工作了，这里还有一个流水线的生产节拍问题，流水线如果采用链式控制，每位学生都需要编写和前后单元相关的程序。如果整个流水线采用集中分散控制方式，则需要一个总体设计，从而控制系统协调生产节拍。这样可以产生另外两个设计项目，如下所述。

（1）流水线的总体设计和控制，通过工业控制网络或 I/O 口与其他 PLC 交换信息。

（2）人机界面，可以对整个流水线进行监控。设计方案分为整条生产流水线和每台设备单独的监控界面。

4. 设计要求

课程设计主要培养学生分析问题、解决问题的综合能力，通过课程设计，使学生将书本知识进一步深化为实践知识，以便今后在工作岗位上能够担负起工业自动化控制系统的设计工作。

首先由指导教师介绍课程设计的题目和基本要求，然后进行分组，如果要求完成整条生产流水线的程序设计，可以由 6～8 名学生组成一个设计小组，建议 6 人一组。也可以取消流水线上的几台设备，组成较小的设计小组。

在设计小组中，要推荐一名组长，以负责协调流水线中相关设备的工作节拍等问题。每个人的设计课题必须独立完成，结合人机界面课程，每位学生可以设计自己设计课题的人机界面作为补充。在完成本人 PLC 控制程序的基础上，补充的人机界面设计可以对课程设计成绩进行加分。

5. 实施方案

要满足课程设计要求，必须注意以下几方面的配合。

（1）明确课程设计题目的要求。指导教师应帮助学生真正理解课程设计的要求，提供解决问题的基本方法。

（2）课程设计的时间安排。要求学生集中时间，争取在 8～10 周的时间内完成。

1～2 周的时间用于每个组设计方案的讨论，并提出设计的思路；2～3 周时间进行基本程序的设计，在此期间注意和同组同学的协调；2～3 周时间进行程序调试和修改；1～2 周时间进一步完善程序和调试；1 周时间完成课程设计报告。

在课程设计期间，每人应保证每周 8 个学时以上用于课程设计，指导教师应负责督促和检查。

（3）实验设备的保证。在程序调试阶段，实验室要保证提供 PLC 实验设备供学生使用，具体的使用时间应统一安排，错开使用时间，保证每个人有一台实验装置进行调试。

6. 课程考核

课程设计的程序调试完成后，应将结果演示给指导教师看，指导教师确认后，学生完成课程设计报告交给指导教师。

指导教师根据该学生的程序演示效果和课程设计报告进行评分。评分标准如下。

（1）能够独立完成本单元 PLC 控制程序的设计和调试，满足加工所要求的基本工艺过程，通过课程设计的环节，可以获得成绩。

基本工艺过程的要求是指完成本单元加工零件过程的各种工步（动作）要求，详见每个工作单元（设备）的具体设计要求。

（2）在完成工艺要求的程序设计和调试的基础上，如果能够进一步完成相应的设备维修、调整时的手动程序，可以获得课程设计的良好成绩。

（3）在完成工艺要求的程序设计和调试的基础上，如果能够结合实际，如机械上的某些特点，提出合理化建议并编程实现，可以获得课程设计的优秀成绩。

对课程设计中能够提出合理化建议或者能够超工作量完成课程设计的，即在完成本单元设计后再完成其他单元或完善设计的学生，应给予表扬并适当加分。例如，完成人机界面设计的学生，可以考虑加分，以鼓励学生多学、学好。

13.2   PLC 课程设计选题

1. 基本原则

在学习了 PLC 基本指令、功能指令和工业控制的人机界面这些课程后，PLC 课程设计提供了一个实际应用和实践的平台。因此，要求每位学生都要认真参加，保证每周课程设计的课时时间，将课程设计作为一个真实的工程来完成。

课程设计一般以 6～8 名学生为一组，设计一条生产流水线的 PLC 控制程序，在一个组内，同学之间要相互配合，根据分工，独立完成自己的设计任务。

每位学生不仅要完成分工的控制程序的编写任务，而且要将控制程序在 PLC 实验装置上调试成功，只有这样，才能通过课程设计的考核，取得学分。

2. 设计任务

PLC 课程设计以一条生产流水线为样本进行 PLC 控制程序的设计，生产线加工一种套筒类零件，要求完成端面加工、外圆加工、钻孔、镗孔、倒角、电镀、装箱等工艺过程。这些加工过程按照工艺要求，分配在几台专用组合机床上进行加工和传送，按照生产线的前后次序分为 6 个单元，分别采用 PLC 进行控制。在课程设计中，这 6 个加工单元由 6 位学生分别进行程序设计。另外，整体协调和人机界面这两个单元，视情况考虑是否需要增加。

13.2.1   长度判别和端面加工单元

如图 13.1 所示，毛坯零件在传送带上传输时，由一个长度检测和分类的辅助设备进行检测，检测方法一可以采用三个光电开关；检测方法二可以采用光电编码器；检测方法三可以采用激光长度测量仪。

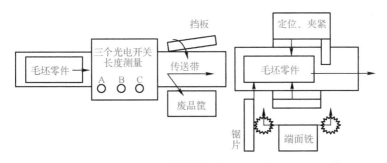

图 13.1   长度判别和端面加工单元

正常规格的毛坯零件可以通过长度测量仪传送到端面铣加工设备；超长的零件也可以通过，但先要锯短，再进行端面铣，即需要进行二次加工；而短的毛坯零件则被长度测量仪的挡板剔除报废。

可以加工的毛坯零件到达端面铣加工设备后，先经过定位、夹紧，再进行端面铣加工，完成后松开夹紧，送入传送带上进入下一个工位。

超长零件经过定位、夹紧后，再进行上述加工，然后进入下一工位。

长度判别的步骤：第一，毛坯零件离开 A；第二，B、C 长度判别；第三，若短料，挡板转 1s；第四，挡板返回；第五，超长零件进行记录。其中，传送带正常情况下保持转动。

端面加工的步骤：第一，毛坯零件进入端面加工定位块；第二，夹紧；第三，超长零件锯片进；第四，锯片退；第五，端面铣刀进；第六，端面铣刀退；第七，夹紧松开；第八，零件出；第九，定位居中。

按 PLC 实验装置上编程端口的分配，上述工艺过程执行的情况是：启动（X6）→传送带转（Y16）→检测到 A ＝1 时，B ＝1、C ＝0，正常的毛坯零件，通过；检测到 A ＝1 时，B ＝1、C ＝1，超长零件，设超长标志 ＝1，通过；检测到 A ＝1 时，B ＝0、C ＝0，短的毛坯零件，挡板转（Y4），毛坯掉入废品筐，1s 后挡板返回。零件通过传送带送入端面铣的定位块（X7）→夹紧（Y11）→（X11）→超长零件锯片进（Y12）→（X12）→锯片退（Y13）→（X22）→端面铣刀进（Y14）→（X14）→铣刀退（Y15）→（X15）→夹紧松开（Y10）→（X10）→零件出（Y17），1s 后停→定位块居中（Y11）→（X20）→完成一个零件的加工。

如果检测方法不采用三个光电开关，可以采用光电编码器或激光长度测量仪。光电编码器的检测方法是零件带动编码器的轮子旋转，高速计数器通过计算脉冲数算出零件长度，判别工作方案；激光长度测量仪直接通过 A/D 口读入零件的长度数值进行判别。课程设计中，三种方案供三个组进行选择，如图 13.2 所示。

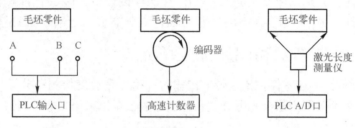

图 13.2　检测方法的三种方案

13.2.2　翻转和外圆加工单元

如图 13.3 所示，完成端面加工的零件被送到一个三工位设备的上料工位，该设备的上料工位具有翻转功能，将零件翻转后堆放在通道中，当有加工信号时，释放一个零件到待加工工位（一工位）。

待加工工位的零件由送料器送到加工工位（二工位），若加工工位上原来有零件，则送料器同时将该零件送到卸料工位（三工位）。零件到达加工工位后，首先定位夹紧，然后加工机构进行外圆加工，完成加工后，加工机构退回，放松夹紧，等待送料器将该零件送到卸料工位，同时送料器再送入下一个新零件。

零件到达卸料工位后，卸料推杆将该零件推入传送带，卸料推杆同时具有去毛刺的功能。

外圆加工的步骤：第一，零件进入上料工位后，翻转机构翻转 90°；第二，有加工信号，送料器将该零件送到下一个工位（二工位）；第三，将二工位的零件夹紧；第四，外圆加工机构进行加工，同时送料器退回；第五，加工机构退回；第六，夹紧松；第七，送料器将该零件送到三工位；第八，卸料推杆将该零件推入传送带；第九，卸料推杆退回。

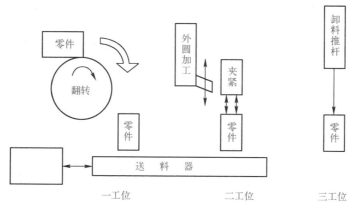

图 13.3　翻转和外圆加工单元

按 PLC 实验装置上编程端口分配，上述工艺过程执行的情况是：启动（X6）→传送带转（Y16）→检测到零件到达信号时（X7）→翻转机构转 90°（Y6）→（X24 或 X25 或 X26 或 X27）→若加工和卸料已完成（X12 和 X14）→送料器将零件送到下一工位（一工位到二工位，二工位到三工位）（Y11）→（X11）→二工位的零件夹紧（Y17）→加工机构进行外圆加工（Y14）→（X14）→零件夹紧后送料器退回（Y10）→（X10）→加工机构退回（Y15）→（X15）→放松夹紧（Y17 = 0）→等待 1s→送料器将该零件送到卸料工位（Y11）→（X11）→卸料推杆将零件推入传送带（Y12）→（X12）→卸料推杆退回（Y13）→（X22）→完成一个零件的加工。

注意，在本单元的控制程序设计中，可能存在送料器、加工机构、卸料推杆同时工作的情况。要求这些机构的工作实行有料才运行的模式。

13.2.3　加料机械手单元

如图 13.4 所示，机械手的旋转底座具有三个方向，分别是上料、加工、下料，每个方向相差 90°。根据旋转工作台的工艺要求，机械手的工作方式有启动阶段、工作阶段、结束阶段三种模式，分别完成装零件、取零件后再装入和取零件的工作过程。

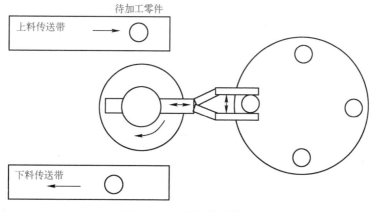

图 13.4　加料机械手单元

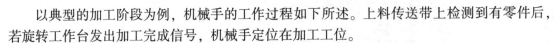

以典型的加工阶段为例，机械手的工作过程如下所述。上料传送带上检测到有零件后，若旋转工作台发出加工完成信号，机械手定位在加工工位。

（1）旋转到加工工位，机械手伸出，手臂下降，夹紧已加工的零件，手臂上升，机械手缩回。

（2）旋转到下料工位，机械手伸出，手臂下降，放松已加工的零件，手臂上升，机械手缩回。

（3）旋转到上料工位，机械手伸出，手臂下降，夹紧未加工的零件，手臂上升，机械手缩回。

（4）旋转到加工工位，机械手伸出，手臂下降，放松未加工的零件，手臂上升，机械手缩回。

若在启动工作阶段，对开始的 1～4 个零件，只有装料要求，机械手定位在上料工位。

（1）旋转到上料工位，机械手伸出，手臂下降，夹紧未加工的零件，手臂上升，机械手缩回。

（2）旋转到加工工位，机械手伸出，手臂下降，放松未加工的零件，手臂上升，机械手缩回。

若在结束工作阶段，对最后的 4 个零件，只有卸料要求，机械手定位在加工工位。

（1）旋转到加工工位，机械手伸出，手臂下降，夹紧已加工的零件，手臂上升，机械手缩回。

（2）旋转到下料工位，机械手伸出，手臂下降，放松已加工的零件，手臂上升，机械手缩回。

机械手的控制方案一是全部采用行程开关，该方案的特点是简单，但控制精度不高。以启动工作阶段为例，按 PLC 实验装置上编程端口分配：启动（X6）→旋转到上料工位（Y7）→（X24）→机械手伸出（Y13）→（X13）→手臂下降（Y15）→（X15）→夹紧未加工的零件（Y11）→（X11）→手臂上升（Y14）→（X14）→机械手缩回（Y12）→（X22）→旋转到加工工位（Y6）→（X25）→机械手伸出（Y13）→（X13）→手臂下降（Y15）→（X15）→放松未加工的零件（Y10）→（X10）→手臂上升（Y14）→（X14）→机械手缩回（Y12）→（X22）→完成一次零件安装。

机械手的控制方案二是手臂的三个自由度的行程控制采用高速计数器，每个自由度上设一个零位行程开关，以消除累积误差，该方案的特点是控制精度高。同样以启动工作阶段为例，按 PLC 实验装置上编程端口分配：启动（X6）→旋转到上料工位（Y7）→到达零位（X24）→机械手伸出（Y13）→高速计数器 C238 计数（X3）→手臂下降（Y15）→高速计数器 C239 计数（X4）→夹紧未加工的零件（Y11）→（X11）→手臂上升（Y14）→（X14）→机械手缩回（Y12）→（X22）→旋转到加工工位（Y6）→高速计数器 C251 计数（X0+X1）→机械手伸出（Y13）→高速计数器 C238 计数（X3）→手臂下降（Y15）→高速计数器 C239 计数（X4）→放松未加工零件（Y10）→（X10）→手臂上升（Y14）→（X14）→机械手缩回（Y12）→（X22）→完成一次零件安装。

在控制方案二中还有几种选择，如果旋转自由度的零位选择在中间加工位置，则可以将高速计数器 C251 改为 C235 的 X0 或 X1，这样程序可以简化。同样，将机械手的伸出、缩回和上升、下降全部改为高速计数器控制，这样需要多点定位时，更加方便。

13.2.4　钻孔、镗孔、倒角单元

如图 13.5 所示，钻孔、镗孔、倒角工艺由四工位旋转工作台完成，工作台的四个工位分别完成零件的安装、钻孔、镗孔、倒角的工艺过程。

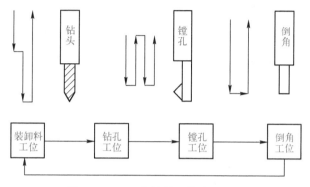

图 13.5　四工位旋转工作台展开图

四工位旋转工作台的工作步骤：机械手将零件装到四工位旋转工作台的装卸料工位（一工位），等机械手离开后，开始加工。

（1）旋转工作台将零件夹紧，顺时针转动 90°，将零件送到钻孔工位（二工位）进行加工，钻头先快速进给接近零件，转为工作进给完成钻孔加工，然后快速退回。

（2）等待机械手将下一个零件装到工作台的装卸料工位后，旋转工作台再转动 90°，将该零件送到镗孔工位（三工位）进行加工，同时钻孔工位也对下一个零件进行加工，镗刀进退往返两次，完成加工。

（3）等一、二、三工位都完成后，旋转工作台再转动 90°，将第一个零件送到倒角工位（四工位）进行加工，倒角工艺进给后要停留 2s 才返回。

（4）四个工位都完成后，旋转工作台再转动 90°，将这个零件再送到装卸料工位（一工位），放松夹紧，完成全部加工，等待机械手将这个零件取走。

注意：四工位旋转工作台控制二、三、四工位的加工，也要有三种工作模式，即工位上有零件时才加工，没有零件时就不加工。

工作台的控制方案也有采用行程开关和高速计数器控制两种，以行程开关控制为例，按 PLC 实验装置上编程端口分配：启动（X6）→零件夹紧（Y16）→工作台旋转（Y6）→（X25）→快速进给（Y12）→（X21）→钻孔（Y12+Y3）→（X12）→快速退回（Y13）→（X13）→完成钻孔，等待→工作台旋转（Y6）→（X26）→一次镗孔进（Y14）→（X14）→镗孔退（Y15）→（X17）→两次镗孔进（Y14）→（X14）→镗孔退（Y15）→（X17）→完成镗孔，等待→工作台旋转（Y6）→（X27）→倒角（Y11）→（X11）→等 2s→倒角退（Y10）→（X10）→完成倒角，等待→工作台旋转（Y6）→（X24）→完成。

若采用高速计数器控制，则可以全部采用高速计数器，也可以部分采用高速计数器，在课程设计中，不同方案可供各个项目组进行选择。

注意设计要求：第一个零件钻孔时，不能同时进行镗孔和倒角；第二个零件钻孔时，不能同时倒角；倒数第二个零件镗孔时，不能同时进行钻孔；最后一个零件倒角时，不能同时

进行镗孔和钻孔。

13.2.5　表面清洗、化学处理单元

如图 13.6 所示，表面清洗和化学处理过程是一组液体电化处理槽，根据工艺要求，零件放在吊篮中，依次进入不同的槽中，根据槽内温度和液体浓度，停留一定的时间，完成零件的表面清洗、化学处理过程。

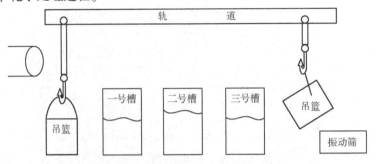

图 13.6　表面清洗、化学处理单元

一般的表面清洗、化学处理工作步骤是：传送带将零件送到吊篮内，吊篮上有一个计数器对进入吊篮的零件进行计数。零件放满到设定值后吊篮起吊，开始进行三个槽的化学处理过程。首先，吊篮上升到顶后，向前移动到一号槽（去除表面油污），吊篮下降，在一号槽内停留设定时间后，吊篮再次上升，然后向前移动到二号槽（化学处理）下降，在二号槽内停留设定时间后，吊篮再次上升，然后向前移动到三号槽（清洗干燥）下降，停留设定时间后，吊篮再次上升到中间位置，停留设定时间，再次上升到顶后向前移动到卸料工位下降，吊篮倾翻，将零件倒入振动筛。

可以根据需要，控制吊篮进行跳槽或返回、重复的过程，这些要求可以延伸出其他工艺方案，供各个课程设计项目组选择。

例如，方案一要求有一个工艺数量选择开关，可任意选择：单一号槽、单二号槽、单三号槽、一号+二号槽、一号+三号槽、二号+三号槽、一号+二号+三号槽七种工艺。

方案二则要求有一个工艺次序选择开关，可任意选择：一号→二号→三号槽、一号→三号→二号槽、二号→一号→三号槽、二号→三号→一号槽、三号→二号→一号槽、三号→一号→二号槽六种工艺。

其他方案还有在槽中安装温度和浓度传感器，通过 A/D 模块传入 PLC，根据不同工艺的不同算法，求出在槽中的停留时间等。

以一般表面清洗、化学处理工艺为例，按 PLC 实验装置上编程端口分配：启动（X6）→计数（X0）→计数器到设定值→吊篮起吊（Y14）→（X14）→移动到一号槽（Y13）→（X21）→吊篮下降（Y15）→（X15）→在一号槽内停留设定时间→吊篮再次上升（Y14）→（X14）→向前移动到二号槽（Y13）→（X22）→吊篮下降（Y15）→（X15）→在二号槽停留设定时间→吊篮再次上升（Y14）→（X14）→向前移动到三号槽（Y13）→（X23）→吊篮下降（Y15）→（X15）→在三号槽停留设定时间→吊篮再次上升到中间位置（Y14）→（X16）→停留设定时间→吊篮上升到顶（Y14）→（X14）→向前移动到卸料工位（Y13）→（X13）→吊篮下降（Y15）→（X17）→吊篮倾翻（Y11）→（X11）→零件倒入振动筛→停

留设定时间→吊篮回正（Y10） → （X10）→吊篮上升到顶（Y14） → （X14）→向后移动到装料工位（Y12） → （X12）→吊篮下降（Y15） → （X15）→重新计数。

13.2.6　零件排列、装箱单元

如图 13.7 所示，由于振动筛的振动频率、方向、幅度和零件的共振频率相近，故零件翻滚，逐渐排列整齐，并向出口处移动。振动筛的出口处安装有光电传感器，用于判别零件的到来，启动两轴自动装箱机在出口处夹住零件，依次将零件放入箱中的指定位置。箱子装满后，自动盖箱盖，换新箱子，然后重新进行装箱。

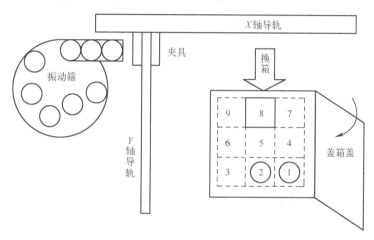

图 13.7　零件排列、装箱单元

零件排列、装箱的工作步骤：一般来说，振动筛只要打开电源即可工作，不需要进行其他电气控制。振动筛出口处的光电开关启动自动装箱机的机械手，到出口处夹持已排列整齐的零件，根据预定的装箱数和装箱次序，将零件搬运到装箱的第一个位置，放松，机械手退回。再夹持第二个零件到装箱的第二个位置，放松，机械手退回。如此循环，直到完成一整箱的零件装箱后，自动盖箱盖，换新箱子，开始新的装箱。

根据不同的要求，可以设计每箱装 2×2、2×3、3×2、3×3、2×4、4×2 等不同数量的零件。注意，对 2×3 和 3×2 尽管每箱的零件数量是相同的，但装箱的次序是不同的，因此控制程序也不同。

设计方案一：X 轴、Y 轴导轨均采用行程开关，优点是程序简单。

设计方案二：X 轴、Y 轴导轨均采用高速计数器控制行程，优点是控制精确。

设计方案三：X 轴导轨采用行程开关，Y 轴导轨采用高速计数器控制行程。

设计方案四：X 轴导轨采用高速计数器，Y 轴导轨采用行程开关控制行程。

方案一以装 2×2 的零件为例，按 PLC 实验装置上编程端口分配：启动（X6）→振动筛（Y16）→Y 轴导轨回零（Y14） → （X14）→X 轴导轨回零（Y12） → （X12）→光电开关检测到零件 1（X7）→夹零件（Y17）→1s→X 轴导轨到 1 位（Y13） → （X13）→Y 轴导轨到 1 位（Y15） → （X15）→放松零件（Y17＝0）→1s→Y 轴导轨回零（Y14） → （X14）→X 轴导轨回零（Y12） → （X12）→光电开关检测到零件 2（X7）→夹零件（Y17）→1s→X 轴导轨到 2 位（Y13） → （X23）→Y 轴导轨到 1 位（Y15） → （X15）→放松零件（Y17＝0）→1s→

Y 轴导轨回零（Y14）→（X14）→X 轴导轨回零（Y12）→（X12）→光电开关检测到零件 3（X7）→夹零件（Y17）→1s→X 轴导轨到 1 位（Y13）→（X13）→Y 轴导轨到 2 位（Y15）→（X17）→放松零件（Y17=0）→1s→Y 轴导轨回零（Y14）→（X14）→X 轴导轨回零（Y12）→（X12）→光电开关检测到零件 4（X7）→夹零件（Y17）→1s→X 轴导轨到 2 位（Y13）→（X23）→Y 轴导轨到 2 位（Y15）→（X17）→放松零件（Y17=0）→1s→Y 轴导轨回零（Y14）→（X14）→X 轴导轨回零（Y12）→（X12）→盖箱盖（Y7）→（X24）→旧箱推出（Y11）→（X11）→放新箱（Y10）→（X10）→完成一箱。

13.2.7 全线节拍控制单元

如图 13.8 所示，在生产流水线中，由于各个设备的生产周期不一样，或者个别设备的临时停车等原因，造成传送带上的零件产生积压，使生产不能正常进行。对于此种情况，要调整流水线的生产节拍，所谓节拍控制就是协调生产线上各个设备的生产进度，使生产流水线上的零件流处于畅通状态，保证设备的高效、正常运行。

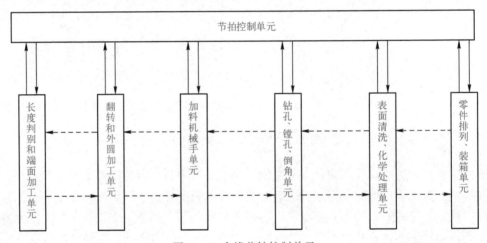

图 13.8　全线节拍控制单元

节拍控制相当于整条流水线的总体控制，包括故障、维修、调整、改变工艺等。因此，需要节拍控制单元和流水线上所有设备发生联系，一般生产现场可以采用工业以太网或现场总线，比较简单的系统也可以采用 I/O 口的对连。在课程设计中，采用三菱 PLC 进行控制，既可以采用 CC-LINK 现场总线，也可以用一定的 I/O 口进行连接。

如果整个控制系统不采用节拍控制单元，则可以采用虚线表示的前后级直接相连的方法，但每个单元都必须编写相应的节拍控制程序。

参 考 文 献

［1］三菱 FX_{2N} 系列微型可编程控制器编程手册．

［2］张万忠．可编程控制器应用技术．北京：化学工业出版社，2001.

［3］李俊秀，赵黎明．可编程控制器应用技术实训指导．北京：化学工业出版社，2001.

［4］瞿彩萍．PLC 应用技术（三菱）．北京：中国劳动社会保障出版社，2006.

［5］上海职业技术培训教研室．维修电工（高级）．北京：中国劳动社会保障出版社，2003.

［6］上海职业技术培训教研室．维修电工（中级）．北京：中国劳动社会保障出版社，2003.

［7］李世基．PLC 功能模块实验指导．上海：上海电视大学出版社，2001.

反侵权盗版声明

  电子工业出版社依法对本作品享有专有出版权。任何未经权利人书面许可，复制、销售或通过信息网络传播本作品的行为，歪曲、篡改、剽窃本作品的行为，均违反《中华人民共和国著作权法》，其行为人应承担相应的民事责任和行政责任，构成犯罪的，将被依法追究刑事责任。

  为了维护市场秩序，保护权利人的合法权益，我社将依法查处和打击侵权盗版的单位和个人。欢迎社会各界人士积极举报侵权盗版行为，本社将奖励举报有功人员，并保证举报人的信息不被泄露。

举报电话：（010）88254396；（010）88258888

传 真：（010）88254397

E-mail: dbqq@phei.com.cn

通信地址：北京市海淀区万寿路 173 信箱

     电子工业出版社总编办公室

邮 编：100036